应用型本科机电类专业"十三五"规划精品教材

数控加工工艺与编程项目式教程

主　编　张　文
副主编　齐家敏　李　锋　胡　炜
参　编　杜毓瑾　范　敏

华中科技大学出版社
中国·武汉

图书在版编目(CIP)数据

数控加工工艺与编程项目式教程/张文主编.—武汉:华中科技大学出版社,2016.8(2025.1重印)
应用型本科机电类专业"十三五"规划精品教材
ISBN 978-7-5680-1589-9

Ⅰ.①数… Ⅱ.①张… Ⅲ.①数控机床-加工-高等学校-教材 ②数控机床-程序设计-高等学校-教材 Ⅳ.①TG659

中国版本图书馆 CIP 数据核字(2016)第 052188 号

数控加工工艺与编程项目式教程　　　　　　　　　　　　　　张　文　主编
Shukong Jiagong Gongyi yu Biancheng Xiangmushi Jiaocheng

策划编辑：袁　冲	
责任编辑：张　琼	
封面设计：原色设计	
责任校对：李　琴	
责任监印：朱　玢	
出版发行：华中科技大学出版社(中国·武汉)	电话：(027)81321913
武汉市东湖新技术开发区华工科技园	邮编：430223
录　　排：武汉正风天下文化发展有限公司	
印　　刷：武汉邮科印务有限公司	
开　　本：787mm×1092mm　1/16	
印　　张：13.75	
字　　数：338 千字	
版　　次：2025 年 1 月第 1 版第 2 次印刷	
定　　价：30.00 元	

本书若有印装质量问题，请向出版社营销中心调换
全国免费服务热线：400-6679-118　竭诚为您服务
版权所有　侵权必究

前言

本教材是根据教育部文件《关于地方本科高校转型发展的指导意见(征求意见稿)》的要求,结合企业岗位需求编写而成的。本教材的编写得到了湖北文理学院特色教材建设项目的支持。

本教材以 FANUC 系统为介绍对象,内容包括数控加工工艺与编程基础、数控铣削工艺与编程和数控车削工艺与编程等三个模块。本教材主要具有以下三个特点:

1. 教材编写尽可能符合项目式教学的要求

本教材将实践能力的培养放在首位,尽可能将理论知识穿插在各项目的实施中讲解,理论知识主要为项目实施服务。项目实施的每一个步骤、每一个环节都尽可能和企业实际生产过程保持一致。通过典型案例分析、实施将数控工艺和数控编程有机结合起来,培养学生解决企业实际问题的能力、团队协作能力和创新能力。力争在项目的实施后,学生能够具备该行业的基本理论基础和基本的实际应用能力,能够解决数控加工工艺和编程领域内的一般问题。

2. 采用校企合作的模式开发教材

在本教材的编写过程中,我们邀请了既有丰富工作经验也非常了解数控加工技术岗位对人才能力需求的企业工程技术人员参与教材案例开发及教材规划,确保所有项目案例均来源于企业工程实践。

3. 尽可能满足读者自主学习的要求

在本书编写过程中,针对重要的、难以掌握的内容,我们引用并开发了大量的实例、图表,使得本教材具备更好的可读性。另外,本教材先将数控铣及数控车各模块中典型的、较复杂的综合实例简化分解到不同的项目中逐一讲解、实施,再将各项目的实施过程综合起来,从而得到解决综合案例的方法。这种循序渐进、由简到繁的案例实施过程更加便于读者理解和接受。

本教材由张文(湖北文理学院)任主编并统稿,齐家敏(湖北文理学院)、李锋(陕西航天职工大学)、胡炜(中国航空工业集团公司)任副主编。模块1由齐家敏、杜毓瑾(湖北文理学院)及李锋合编,模块2由张文编写,模块3由范敏(襄阳职业技术学院)、周小超(皖西学院)及赵小英(湖北文理学院理工学院)合编。中航工业特级技能专家、楚天技能名师胡炜参与了本教材各案例建设，同时中航工业航宇救生装备有限公司高级工程师王国耀、高级技师李越军等也对本教材的编写提出了不少宝贵的意见和建议，在此表示衷心的感谢。

本教材在编写中参阅了大量相关文献与资料，在此向有关作者一并表示谢意！

由于水平有限，教材中难免有不妥之处，在此恳请广大读者和专家批评指正，邮箱：804034124@qq.com。

编　者

2016年1月

目录

模块 1 数控加工工艺与编程基础 …… 1
  项目 1.1 数控刀具 …… 1
    1.1.1 数控刀具的种类 …… 1
    1.1.2 数控刀具的选择 …… 5
    1.1.3 可转位刀片代码 …… 5
    思考与练习 …… 7
  项目 1.2 数控编程基础 …… 8
    1.2.1 数控编程的步骤 …… 8
    1.2.2 数控机床的坐标系 …… 9
    1.2.3 数控程序结构 …… 14
    1.2.4 数控仿真软件介绍 …… 15
    思考与练习 …… 19

模块 2 数控铣削工艺与编程 …… 20
  项目 2.1 平面铣削工艺与编程 …… 20
    2.1.1 项目描述 …… 20
    2.1.2 工艺基础 …… 20
    2.1.3 项目实施 …… 28
    思考与练习 …… 30
  项目 2.2 外轮廓铣削工艺与编程 …… 31
    2.2.1 项目描述 …… 31
    2.2.2 编程基础 …… 31
    2.2.3 工艺基础 …… 41
    2.2.4 项目实施 …… 47
    思考与练习 …… 54
  项目 2.3 型腔铣削工艺与编程 …… 55
    2.3.1 项目描述 …… 55

2.3.2　编程基础 ··· 56
　　2.3.3　工艺基础 ··· 63
　　2.3.4　项目实施 ··· 68
　　思考与练习 ··· 75
项目2.4　孔加工工艺与编程 ··· 76
　　2.4.1　项目描述 ··· 76
　　2.4.2　编程基础 ··· 77
　　2.4.3　工艺基础 ··· 87
　　2.4.4　铣孔加工 ··· 93
　　2.4.5　螺纹铣削加工 ·· 94
　　2.4.6　项目实施 ··· 96
　　思考与练习 ·· 104
项目2.5　加工中心综合实例 ·· 105
　　2.5.1　项目描述 ·· 105
　　2.5.2　编程基础 ·· 106
　　2.5.3　项目实施 ·· 112
　　思考与练习 ·· 118

模块3　数控车削工艺与编程 ·· 122

项目3.1　数控车削编程基础 ·· 122
　　思考与练习 ·· 131
项目3.2　阶梯轴加工工艺与编程 ·· 132
　　3.2.1　项目描述 ·· 132
　　3.2.2　编程基础 ·· 132
　　3.2.3　工艺基础 ·· 140
　　3.2.4　项目实施 ·· 144
　　思考与练习 ·· 146
项目3.3　端面盘加工工艺与编程 ·· 148
　　3.3.1　项目描述 ·· 148
　　3.3.2　编程基础 ·· 149
　　3.3.3　项目实施 ·· 158
　　思考与练习 ·· 160
项目3.4　仿形件加工工艺与编程 ·· 162
　　3.4.1　项目描述 ·· 162
　　3.4.2　编程基础 ·· 162
　　3.4.3　项目实施 ·· 166

  思考与练习 ··· 168
项目 3.5　槽及孔加工工艺与编程 ·· 169
  3.5.1　项目描述 ·· 169
  3.5.2　工艺基础 ·· 170
  3.5.3　编程基础 ·· 172
  3.5.4　项目实施 ·· 175
  思考与练习 ··· 177
项目 3.6　螺纹加工工艺与编程 ·· 179
  3.6.1　项目描述 ·· 179
  3.6.2　工艺基础 ·· 179
  3.6.3　编程基础 ·· 182
  3.6.4　项目实施 ·· 190
  思考与练习 ··· 193
项目 3.7　数控车削综合实例 ·· 194
  3.7.1　项目描述 ·· 194
  3.7.2　工步顺序的安排 ·· 194
  3.7.3　项目实施 ·· 195
  思考与练习 ··· 200
附录 ··· 204
参考文献 ·· 209

模块 1 数控加工工艺与编程基础

■ 项目 1.1 数控刀具

在由机床、夹具、刀具和工件组成的工艺系统中,刀具是最活跃的因素,刀具的选择是数控加工工艺中的重要内容之一。数控机床生产的效率、被加工工件的质量以及生产的成本等,在很大程度上取决于数控刀具材料及其刀具结构的选择。数控刀具不仅为先进制造业提供了高效、高性能的切削刀具,而且还由此开发出了许多新的加工工艺,成为当前先进制造技术发展的重要组成部分和显著特征之一。切削加工技术的进步是与数控刀具的发展和应用密不可分的。只有把数控机床和数控刀具结合起来,才能充分发挥数控加工技术的潜能。

1.1.1 数控刀具的种类

数控刀具的种类较多,数控刀具通常可按照刀具材料、刀具结构和切削工艺等进行分类,如图 1-1 所示。

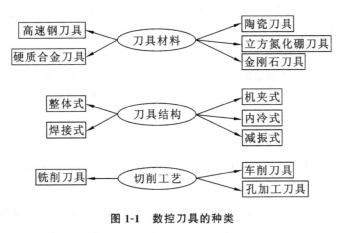

图 1-1 数控刀具的种类

一、数控刀具材料

刀具材料对刀具的使用寿命、加工效率、加工质量和加工成本都有很大影响,因此必须合理选择。数控刀具材料包括高速钢、硬质合金、陶瓷、立方氮化硼及聚晶金刚石等。通常刀具材料的硬度越高越耐磨,但其耐冲击的能力会随之降低,各种刀具材料的硬度与韧性的关系如图 1-2 所示。

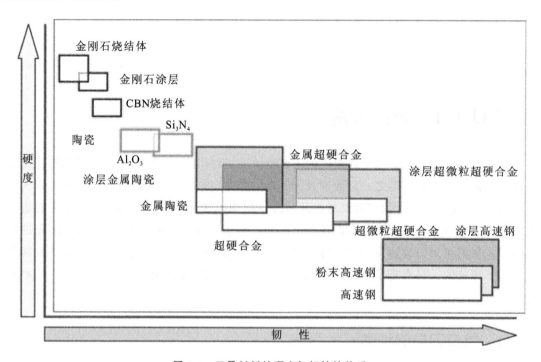

图 1-2 刀具材料的硬度与韧性的关系

1. 硬质合金刀具

硬质合金为目前应用最广泛的数控刀具材料。常用的硬质合金按其化学成分可分为钨钴类(YG 类)、钨钛钴类(YT 类)、钨钛钽(铌)钴类(YW 类)等。根据 ISO 标准,可把所有硬质合金刀具牌号分成用颜色标志的三大类,分别用 P(代表蓝色)、M(代表黄色)和 K(代表红色)来表示。其中 P 与国家标准 YT 相对应,M 与国家标准 YW 相对应,K 与国家标准 YG 相对应,如图 1-3 所示。通常,刀具供应商会在刀片包装上注明刀具的材料及对应的切削参数,如图 1-4 所示。

2. 涂层刀具

涂层刀具的出现,使刀具切削性能有了重大突破。数控加工时所用刀具中有 80% 左右为涂层刀具。

如图 1-5 所示,涂层刀具是在韧性较好的硬质合金基体上或高速钢基体上,涂覆一层或多层耐磨性较好的难熔化合物而制成的,从而使刀具切削性能大大提高。常用的涂层材料有 TiC、TiCN、TiN、Al_2O_3 等。

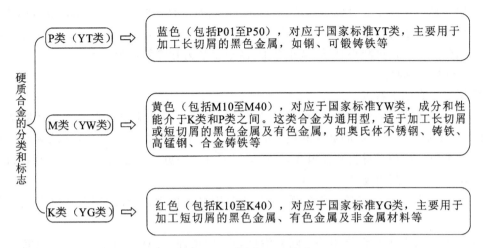

图 1-3　硬质合金 ISO 分类

图 1-4　刀片包装

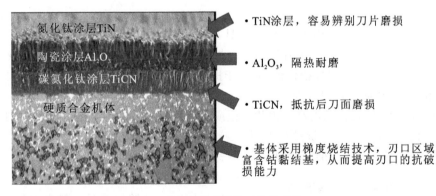

图 1-5　硬质合金涂层显微结构

1）涂层刀具的种类

根据涂层方法，涂层刀具可分为化学气相沉积（CVD）涂层刀具和物理气相沉积（PVD）涂层刀具。涂层硬质合金刀具一般采用化学气相沉积法，沉积温度在 1 000 ℃左右。涂层高速钢刀具一般采用物理气相沉积法，沉积温度在 500 ℃左右。

根据涂层刀具基体材料，涂层刀具可分为硬质合金涂层刀具、高速钢涂层刀具、陶瓷涂层刀具和超硬材料（如金刚石和立方氮化硼等）涂层刀具等。

根据涂层材料的性质，涂层刀具又可分为两大类，即"硬"涂层刀具和"软"涂层刀具。

"硬"涂层刀具追求的主要目标是高的硬度和较好的耐磨性,典型涂层有 TiC 和 TiN 涂层;"软"涂层刀具追求的目标是低摩擦系数,也称为自润滑刀具,它与工件材料之间的摩擦系数很小,只有 0.1 左右,可减小黏结,减小摩擦,减小切削力和降低切削温度。

2) 涂层刀具的特点

涂层刀具有如下特点。

① 具备良好的力学和切削性能。涂层刀具将基体材料和涂层材料的优良性能结合起来,既保持了基体材料良好的韧性和较高的强度,又具有涂层的高硬度、良好的耐磨性和较小的摩擦系数。被加工材料硬度愈高,使用涂层刀具效果愈好。在刀具寿命相同的前提下,使用涂层可提高切削速度 25%~30%。

② 通用性强。涂层刀具通用性强,可加工范围显著扩大,一种涂层刀具可以代替数种非涂层刀具使用。

③ 涂层厚度与刀具性能相关。随着涂层厚度的增加,刀具寿命也会增长,但涂层厚度达到饱和后,刀具寿命不再明显增长。涂层太厚时,易引起剥离;涂层太薄时,耐磨性能差。

④ 涂层材料与刀具性能相关。不同涂层材料的刀具,切削性能不一样。如低速切削时,TiC 涂层刀具占有优势;高速切削时,TiN 涂层刀具较合适。

⑤ 涂层刀片重磨性差、成本较高,不适用于受力大和冲击大的粗加工,并且涂层刀具经过钝化处理后,切削刃锋利程度降低。因此,在进行高硬材料的加工以及进给量很小的精密切削时,涂层刀具还不能完全取代非涂层刀具。

二、机夹可转位刀具

机夹式刀具分为机夹可转位刀具和机夹不可转位刀具。机夹可转位刀具在数控加工中已得到广泛应用。

1. 可转位刀具的优点

与焊接刀具和整体刀具相比,可转位刀具有下述优点。

(1) 刀具刚度高、寿命长。刀片避免了由焊接和刃磨高温而引起的热裂纹等缺陷,且刀具几何参数完全由刀片和刀杆槽保证,有利于提高刀尖及切削刃部分的强度,使刀具能够经得起冲击和振动,从而延长刀具寿命。

(2) 换刀效率高,定位精度高。刀片转位或更换新刀片后,刀尖位置的变化在工件精度允许的范围内,从而可避免重新对刀,可大大减少停机换刀等辅助时间。

(3) 可转位刀具有利于推广使用涂层、陶瓷等新型刀具材料。

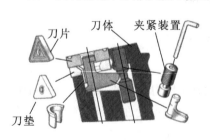

图 1-6 可转位刀具的组成

2. 可转位刀具的组成

如图 1-6 所示,可转位刀具一般由刀片、刀垫、夹紧元件和刀体等组成,其中刀垫的作用为保护刀体和确定刀片的位置。

3. 刀片的夹紧方式

如图 1-7 所示,常见的可转位刀片的夹紧方式有杠杆式、螺钉上压式、楔块式、楔块压板式等多种方式。其中杠杆式夹紧系统是最常用的刀片夹紧方式,其定位精度高,排屑流畅,操作简便,可与其他系列刀具产品通用。

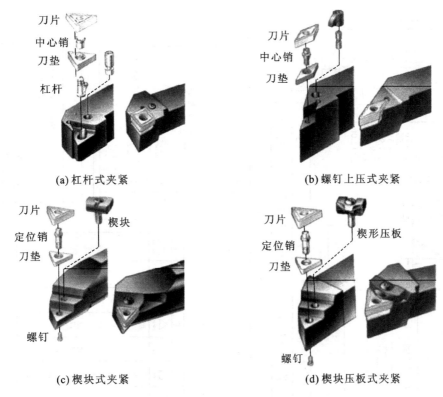

图 1-7 可转位刀片的夹紧方式

1.1.2 数控刀具的选择

在保证加工质量、兼顾效率和成本的前提下,选择数控刀具时,首先应优先选用标准刀具,必要时才可选用各种高效率的复合刀具及特殊的专用刀具。在选择标准数控刀具时,应结合实际情况,尽可能选用各种先进刀具,如可转位刀具、整体硬质合金刀具、陶瓷刀具等。

(1) 根据零件材料的切削性能选择刀具。如车或铣高强度钢、钛合金或不锈钢零件时,建议选择耐磨性较好的可转位硬质合金刀具。

(2) 根据零件的加工阶段选择刀具。粗加工阶段以去除余量为主,应选择刚度较高、精度较低的刀具;半精加工、精加工阶段以保证零件的加工精度和产品质量为主,应选择耐用度高、精度较高的刀具。如果粗、精加工选择相同的刀具,建议粗加工时选用精加工淘汰下来的刀具,因为精加工淘汰的刀具刃部大多轻微磨损,继续使用会影响精加工的加工质量,但对粗加工的影响较小。

1.1.3 可转位刀片代码

按国际标准 ISO 1832—1985,可转位刀片的代码是由 10 位字符串组成的,各字符串的含义如图 1-8 所示。任何一个型号可转位刀片代码中的前 7 位必须注明,后 3 位必要时才标注。另外,第 10 位字符串的含义没有国际统一标准定义,由各厂家自己定义。

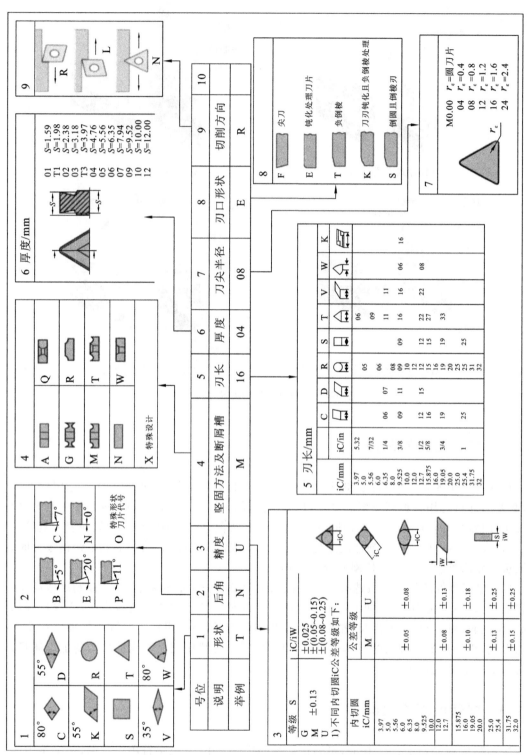

图1-8 可转位刀片的代码中字符串的含义

其中，第 5 位表示刀片主切削刃长度，用两位数字表示。该位选取舍去小数值部分的刀片切削刃长度或理论边长值作代号，若舍去小数部分后只剩一位数字，则必须在数字前加"0"。

第 6 位表示刀片厚度，用两位数字表示。该位选取舍去小数值部分的刀片厚度值作代号，若舍去小数部分后只剩一位数字，则必须在数字前加"0"。

第 7 位表示刀尖圆角半径或刀尖转角形状，用两位数字或一个英文字母表示。当刀片转角为圆角时，该位用舍去小数点的刀片圆角半径值作代号，若舍去小数点后只剩一位数字，则必须在数字前加"0"；当刀片转角为尖角或圆形刀片时，该位代号为"00"。

例 1-1　解释如图 1-9 所示的刀片盒上的代码 CNMA120404 的含义。

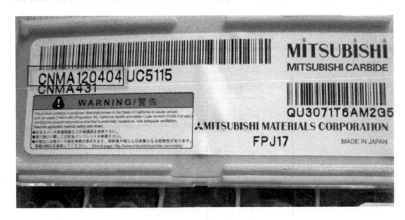

图 1-9　刀片代码示例

查图 1-8 可知：

C——80°菱形刀片；

N——法后角为 0°；

M——刀尖转位尺寸允差±(0.08～0.18)mm，内接圆允差±(0.05～0.15)mm，厚度允差±0.13 mm；

A——圆柱孔固定，无断屑槽；

12——刀刃长度 12.70 mm；

04——厚度 4.76 mm；

04——刀尖半径 0.4 mm。

思考与练习

1. 简述数控刀具的种类。最常用的数控刀具材料是什么？
2. 说明可转位刀片代码的表示方法并解释刀片代码 SNGM150612ER 中各字符串的含义。
3. 利用互联网查询国内外数控刀具生产厂商，收集各种刀具资料。

项目 1.2 数控编程基础

1.2.1 数控编程的步骤

从零件图纸(或 CAD 模型)到制成数控 G 代码的全过程,称为数控机床加工程序的编制。一般来说,不管是手动编程还是自动编程,数控机床程序编制的步骤可分为数控工艺设计、计算运动轨迹、程序编制及轨迹仿真、程序传输及校验和试切五大部分,如图 1-10 所示。

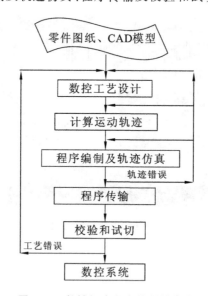

图 1-10 数控机床程序编制的步骤

其中数控工艺设计是数控机床程序编制的关键步骤,数控机床程序编制必须以数控工艺作指导。数控工艺设计的内容及过程主要包括:

(1) 确定零件数控加工各表面的技术要求;
(2) 确定零件的装夹方法及夹具,包括工件原点的确定;
(3) 确定零件的加工工艺路线,如各表面的加工顺序、粗精加工分开等;
(4) 刀具的选择,包括刀具材料、类型及几何参数等;
(5) 机床的选择;
(6) 确定切削工艺参数;
(7) 确定辅助动作,如冷却液开关、主轴启停等;
(8) 规划刀具的走刀路线,包括确定下刀点、切入工件路线、切削路线、切出工件路线、抬刀点等;
(9) 编写数控工艺文件。

在上述过程中,重点在于工艺路线的确定、刀具的选择、切削参数的确定及走刀路线的规划等。

现有的数控仿真软件绝大多数只具备几何仿真的功能,不能够发现由于切削力、切削热等因素对加工质量造成的影响,因此并不能完全代替试切。

1.2.2 数控机床的坐标系

一、机床原点(零点)与机床坐标系

机床原点是数控机床厂家在机床上设置的一个固定点,它在机床装配、调试时就已调整好,主要用于对机床工作台、滑板与测量系统进行标定和控制。一般情况下,不允许用户对机床原点进行更改。机床坐标系是以机床原点为坐标系原点的坐标系,它是机床固有的坐标系,具有唯一性。

通常,在数控车床上,机床原点一般取在卡盘端面与主轴中心线的交点处,如图1-11(a)所示;在数控铣床上,机床原点一般取在 X、Y、Z 坐标轴的正方向极限位置上,如图1-11(b)所示。

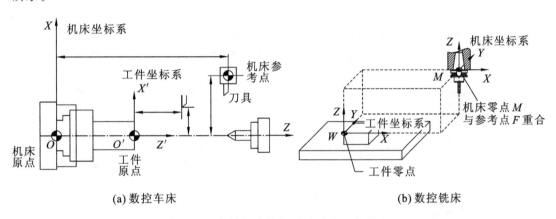

(a) 数控车床　　　　　　　　　　　　　　(b) 数控铣床

图1-11　数控机床原点、参考点和工件原点

注意:如果将机床坐标系作为编程坐标系,将使对刀过程非常复杂,且大多数零件会由于刀具超行程而无法加工。因此,机床坐标系一般不作为编程坐标系,仅作为工件坐标系的参考坐标系。

二、机床参考点

机床参考点是用于对机床运动进行检测和控制的固定点。机床参考点的位置是由机床制造厂家在每个进给轴上用限位开关精确调整好的,其坐标值已输入数控系统中,因此机床参考点在机床坐标系下的坐标值是已知的。

在数控车床上,机床参考点通常是离机床原点最远的极限点;在数控铣床上,机床原点和机床参考点通常是重合的,如图1-11所示。

注意:当数控机床的位置检测装置采用增量式编码器时,在每次断电重启后,通常都要做回零操作,目的是使刀具或工作台到达机床参考点,从而建立正确的机床坐标系。

三、编程原点与编程坐标系

1. 编程原点与编程坐标系

编程原点又称程序原点或工件原点,是编程人员为编程方便在零件或夹具上选定的某一点。编程坐标系(又称工件坐标系)是以编程原点为坐标原点建立的坐标系,其坐标轴方向与机床坐标系一致。建立编程坐标系后,编程时不必考虑工件毛坯在机床上的实际安装位置,数控程序中的所有坐标值都是基于编程坐标系确定的。

2. 编程原点位置的确定

从理论上讲,编程原点选在零件上的任何一点都可以,但实际上,为了换算尺寸尽可能简便,减少计算误差,以及保证安全等,编程原点的选择应合理。

通常,在设定车削零件编程原点时,X 向零点设在零件的回转中心处,Z 向零点一般选在零件的右端面、设计基准或工艺基准上,如图 1-12 中的 W 点。在设定铣削零件编程原点时,为安全起见,Z 向的编程原点应选在零件上表面,X 向、Y 向的编程原点一般可选在设计基准或工艺基准上;对于有对称部分的工件,可以选在对称中心上;对于一般零件,原点可设在某一角点上,如图 1-13 中的 W 点。

编程原点选定后,就应把工件轮廓上各转折点的尺寸换算成以编程原点为基准的坐标值。为了在加工过程中有效地控制尺寸公差,有时需按尺寸偏差的中值来计算编程坐标值。

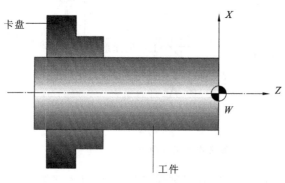

图 1-12 车削编程坐标系   图 1-13 铣削编程坐标系

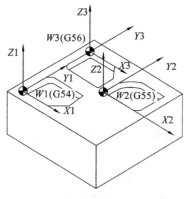

图 1-14 同一个工件上设置多个编程坐标系

对于形状复杂的零件,为简化编程,可以设置多个编程坐标系,如图 1-14 所示。有时,当机床工作台上有多个零件需要加工时,也可以为每一个零件设置一个编程坐标系。

四、加工坐标系的建立

1. 工件原点偏置

数控机床工作时所控制的是刀具在机床坐标系下的坐标值,因此需要将数控程序中的刀具轨迹坐标值转换成机床坐标系下的坐标值。实现这一目标的操作过程叫对刀。对刀的过程就是在工件安装后,确定编程坐标系的坐标原点位置在机床坐标系下的坐标值的过程。对刀结束后,数控系统通过坐标平移自动将编程坐标值转换成机床坐标值。

如图 1-15 所示,设机床原点 M 位于各进给坐标轴的正向极限位置上,将编程坐标原点 $O1$ 设定在工件上表面的对称中心处,工件在机床上安装后通过对刀可以确定点 $O1$ 在机床坐标系下的坐标值为($-415.012,-194.383,-211.320$),最后将此坐标值存储到图1-16所示的 G54 地址中,对刀即完成了。

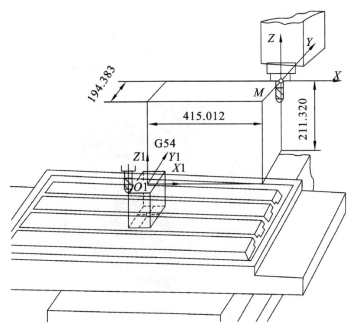

图 1-15 对刀

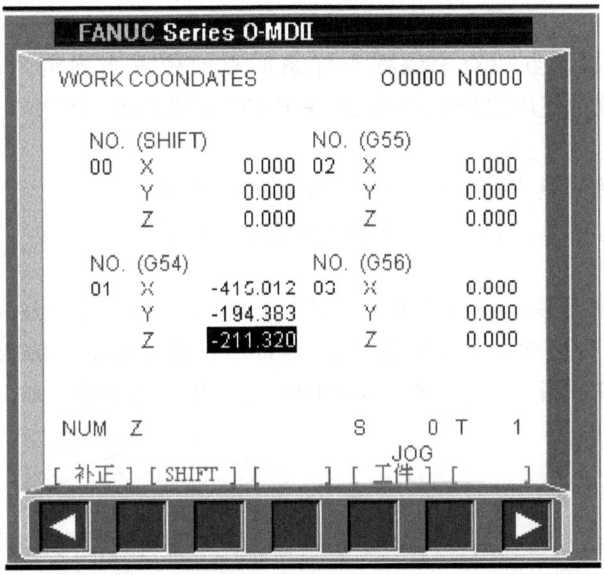

图 1-16 将坐标值存储到 G54 地址中

2. 工件坐标系的建立方法

（1）用 G54 至 G59 来预置设定工件坐标系。

一般数控机床可设定六个工件坐标系，这些工件坐标系的坐标原点在机床坐标系中的位置（即相对于机床原点的偏移量），可预先通过手动数据输入（MDI）方式输入到 G54 至 G59 地址中，编程时再指定选择哪个工件坐标系。

如图 1-17 所示，分别以 W 和 W_a 为原点建立了两个工件坐标系 G54 和 G55，要在 XY 平面上使刀具快速定位到 W 点和 W_a 点的程序如下：

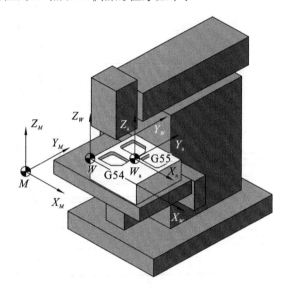

图 1-17　工件坐标系的选择

```
G0 G54 X0 Y0  //刀具从当前点快速定位到W点
G0 G55 X0 Y0  //刀具从W点快速定位到Wa点
```

（2）用 G92（或 G50）来设定工件坐标系。

通过设定刀具起始点相对于编程坐标系原点的位置来确定当前工件坐标系。在 FANUC 数控铣系统中使用的是 G92 指令，在 FANUC 数控车系统中使用的是 G50 指令。

指令格式：G92 X_ Y_ Z_

格式中，X_ Y_ Z_ 为刀具当前点相对于工件原点的坐标值。

如图 1-18 所示，用 G92 指令建立工件坐标系。程序为：

```
G92 X60. Y60. Z50.
```

G92 指令与 G54 至 G59 指令的主要区别在于：G54 至 G59 指令建立的坐标系即使断电也不会消失，而采用 G92 指令建立的坐标系，通常不具有断电记忆功能。因此对于批量加工，多采用 G54 至 G59 指令建立坐标系，而 G92 指令往往用于单件加工和一些旧的数控系统中。

五、局部坐标系

有时为了方便编程，可以用 G52 指令在编程坐标系下再设定局部坐标系。

指令格式：G52 X_ Y_ Z_

格式中，X_ Y_ Z_ 是局部坐标系的原点在当前工件坐标系中的坐标值。取消局部坐标系时

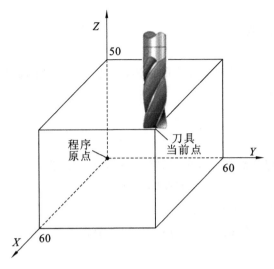

图 1-18 G92 指令示例

用"G52 X0 Y0 Z0"。

如图 1-19 所示，当前坐标系为 G54，刀具进给路线为 A→B→C，按照当前坐标系和局部坐标系两种方式编程，结果如表 1-1 所示。

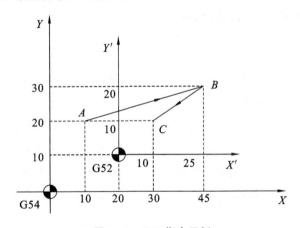

图 1-19 G52 指令示例

表 1-1 当前坐标系(G54)和局部坐标系(G52)编程对比

当前坐标系编程	局部坐标系编程	说　明
G54 G0 X10. Y20.	G54 G0 X10. Y20.	定位到 A 点
	G52 X20. Y10.	设置局部坐标系
G1 X45. Y30. F300	G1 X25. Y20. F300	A→B
X30. Y20.	X10. Y10.	B→C
	G52 X0 Y0	取消局部坐标系

1.2.3 数控程序结构

数控程序是对数控工艺及机床动作的描述,一般一个完整的数控程序的内容及书写顺序可分为如下三个部分。

1. 准备程序段

(1) 程序号。

(2) 程序初始化,包括确定编程单位、绝对(相对)坐标、坐标系选择等。

(3) 刀具数据,包括选刀换刀、长度补偿建立等。

(4) XY平面快速定位到下刀点。

(5) 辅助动作,包括主轴旋转方向与转速、切削液打开等。

2. 加工程序段

根据工件具体加工要求编写进刀、切削和退刀程序,实际上是对走刀路线和切削参数的描述,其中可能会用到刀具半径补偿、子程序及其他简化数控编程的指令。

3. 结束程序段

(1) 刀具快速回退至初始平面。

(2) 刀具数据,包括还刀、长度补偿取消等。

(3) 辅助动作,包括主轴停转、切削液关闭等。

(4) 程序结束。

数控编程时重点是编写"加工程序段",而"准备程序段"和"结束程序段"相对比较固定,只需稍做更改后直接套用即可。

例 1-2 加工如图 1-20 所示高度为 2 mm 的轮廓,编程原点设置在工件上表面的对称中心处,原点偏置结果保存在 G54 地址下;走刀路线为 1 号点→7 号点,其中 1 号点为下刀点,7 号点为抬刀点,各点的坐标值已在图中标注;刀具的长度补偿号为 H1;切削时,$S=500$ r/min,$F=60$ mm/min,$a_p=2$ mm;切削过程中使用切削液。编程结果如表 1-2 所示。

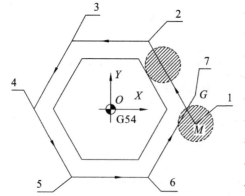

	X	Y
1	60	-9.64
2	27.22	47.14
3	-27.22	47.14
4	-54.43	0
5	-27.22	-47.14
6	27.22	-47.14
7	60	9.64

图 1-20 六方轮廓走刀路线

表 1-2 六方轮廓数控程序

数控程序	说　明	
%	程序开始符	
O1000	程序号	准备程序段
G0G90G54X60.Y－9.64	初始化并快速定位到 1 号点	
G43Z50.H1	建立长度补偿	
S500M3	主轴正转,转速 500 r/min	
Z5.	刀具在 Z 向快速到达安全平面	
M8	切削液开	
G1Z－2.F60	刀具到达切削平面, a_p =2 mm	加工程序段
X27.22Y47.14		
X－27.22		
X－54.43Y0	刀具切削进给:1 号点→7 号点	
X－27.22 Y－47.14		
X27.22		
X60.Y9.64		
M9	切削液关	结束程序段
G0Z50.	沿 Z 向退刀	
G49Z100.	取消长度补偿	
M5	主轴停转	
M30	程序结束,光标回到第一行程序前,即 G0G90G54X60.Y－9.64 前	
%	程序结束符	

1.2.4 数控仿真软件介绍

数控仿真包括几何仿真和物理仿真两种。几何仿真主要用来检测刀具轨迹的正确性及合理性,国内外市场现已有比较成熟的软件,大多数自动编程软件也附带此类功能;物理仿真则由于软件开发难度较大,技术不够成熟,此类软件在市场上很少见。

目前市场上存在的数控几何仿真软件大体可分为三类。

1. 适合数控编程初学者使用的仿真软件

此类软件只验证程序指令的正误,不需要对毛坯、机床进行设定,也不能验证是否有干涉或碰撞,典型软件如熊族和 CIMCO Edit。

如图 1-21 所示,运用 CIMCO Edit 时不需要输入完整的程序,甚至只需一行单独的数控代码即可仿真,非常适合编程初学者使用。

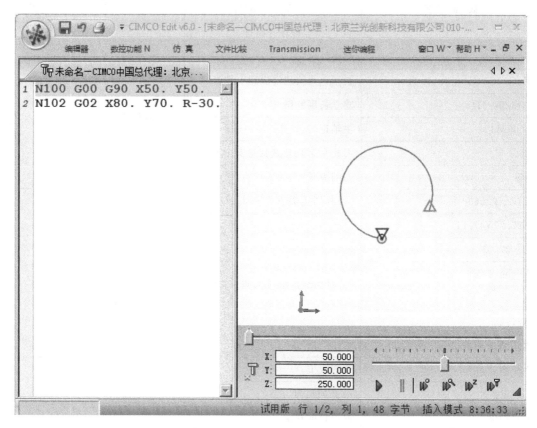

图 1-21　CIMCO Edit 仿真示例

2. 适合数控操作初学者使用的仿真软件

此类软件不仅能验证程序轨迹的正误,而且能检测是否有干涉或碰撞。但需要按照实际加工操作的方法和步骤对毛坯、机床进行设定,仿真过程比较烦琐,其主要强调的是对机床操作过程的模拟仿真,典型软件如 VNUC 数控仿真系统、斯沃数控仿真系统和上海宇龙数控加工仿真系统等。斯沃数控仿真界面如图 1-22 所示。

3. 适合对数控仿真要求较高的编程人员使用的仿真软件

典型软件如 VERICUT 等。VERICUT 是美国 CGTech 公司开发的、面向制造业的数控加工仿真软件,是当前全球数控加工程序验证、机床模拟、工艺优化软件领域的领先者。该软件被广泛应用于航空、航天、汽车、机车、医疗、模具、动力及重工业的三轴及多轴加工的实际生产中。其仿真界面如图 1-23 所示。

VERICUT 仿真的特点和优势如下。

(1) VERICUT 仿真是和实际生产完全匹配的,是对整个生产流程的模拟。一个零件的生产,从毛料到粗加工到半精加工再到精加工,切削模型可以在不同机床、不同系统、不同夹具中自动转移。

(2) VERICUT 具备过切、欠缺分析的功能,而且可以准确定位到发生过切的程序行。

模块 1　数控加工工艺与编程基础

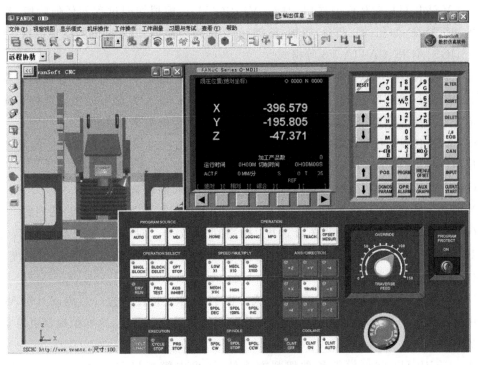

图 1-22　斯沃数控仿真界面

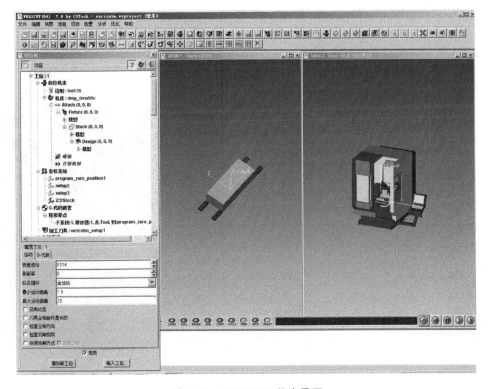

图 1-23　VERICUT 仿真界面

(3) VERICUT 具有模型输出功能。VERICUT 在模拟切削过程的任何阶段,都可以将具体加工特征(如孔、槽、凸台、腹板、筋等)的切削模型输出,以不同的数据标准格式保存,如 Step、IGS、ACIS、CATIA V5 等格式。

(4) VERICUT 可以产生丰富的工艺报告,如过程测量报告,结合具有特征的过程切削模型,分析测量,生成带有 3D 图片的表格检测报告。VERICUT 还可以生成数控车间各个环节需要的三维草图和报表,为车间无图纸生产提供完美的数据和文档。

(5) VERICUT 具有友好的配置指令界面窗口。用户可以构建和模拟任何复杂的机床,可以自由地根据机床和控制系统配置任何复杂的指令,以满足用户需求。

(6) VERICUT 可以优化刀具长度,并可设定安全间隙距离。可以解决因刀具长度使用不当而产生的碰撞(刀具太短)或零件表面质量差(刀具太长,加工中颤刀)的问题。

(7) VERICUT 可以优化进给速度,提高切削效率。对于切削余量大的程序行,VERICUT 可自动降低进给速度,而对于余量小的程序行,VERICUT 提高进给速度,进而修改程序,插入新的进给速度,可减少加工时间达 50% 以上。

(8) VERICUT 可以模拟任何软件生成的程序(机床直接使用的 G 代码或刀轨 APT 程序),也可以模拟手写程序,并可以模拟实际机床和控制系统子程序,这样模拟就更与实际加工相统一了。

(9) VERICUT 除可模拟各种切削方式外,还可以模拟机器人加工(钻铆)、数控铆接等。

将例 1-2 的程序用 VERICUT 软件仿真,如图 1-24 所示。

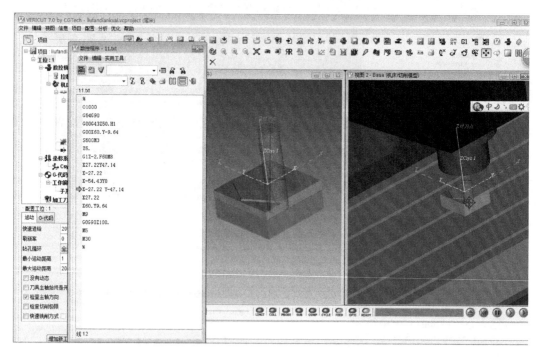

图 1-24　VERICUT 仿真示例

思考与练习

1. 简述数控编程的步骤。
2. 机床坐标系与编程坐标系的区别是什么？
3. 怎样进行工件原点偏置？其目的是什么？
4. 数控程序由哪些内容构成？
5. 利用互联网查询并了解数控仿真软件有哪些，它们各自具备什么特点。

模块 2　数控铣削工艺与编程

项目 2.1　平面铣削工艺与编程

2.1.1　项目描述

加工如图 2-1 所示工件的上、下表面,工件材料为 45 钢,调质状态,毛坯为已经过铣削的方块,其毛坯尺寸为 171×111×65。

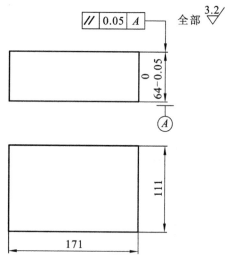

图 2-1　平面铣削零件图

2.1.2　工艺基础

一、平面铣削方法

平面铣削时常用的铣削方法可分为端铣法和周铣法两种。端铣时刀具的副切削刃、倒角刀尖具有修光作用,更易获得较高的表面加工质量。此外,端铣时主轴刚度高,并且端铣刀更易于采用硬质合金可转位刀片,因而切削用量较大,生产效率高。因此,在平面切削中端铣法使用得更为广泛,如图 2-2 所示。

图 2-2　平面铣削

经粗铣的平面,尺寸精度可达 IT12 至 IT14(指两平面之间的尺寸),表面粗糙度可达 $Ra12.5$ 至 $Ra25$;经精铣的平面,尺寸精度可达 IT7 至 IT9,表面粗糙度可达 $Ra1.6$ 至 $Ra3.2$。

二、常用的平面铣削刀具

平面铣削时常见的刀具有面铣刀和立铣刀。在数控机床上铣较大平面时,为了提高生产效率和加工精度,广泛使用可转位式面铣刀。

1) 面铣刀的直径

平面铣削时,面铣刀直径尺寸的选择是重点考虑问题之一。标准可转位面铣刀直径系列为 16、20、25、32、40、50、63、80、100、125、160、200、250、315、400、500、630 等。

对于宽度不大的平面,宜用直径比平面宽度大的面铣刀实现单次平面铣削,面铣刀最理想的宽度应为材料宽度的 1.3～1.6 倍,此时可以保证切屑较好地形成和排出。对于宽度太大的平面,宜选用直径大小适当的面铣刀分多次走刀铣削平面,此时相邻两次走刀轨迹之间须有重叠部分。

粗加工时,若切深较大、余量不均匀,考虑到机床功率和工艺系统的受力,则选用的铣刀的直径不宜过大;精铣时,选用的铣刀的直径要大些,尽量包容工件整个加工宽度,以提高加工精度和效率,并减小相邻两次进给之间的接刀痕迹。

2) 面铣刀的齿数

同一直径的面铣刀根据齿数的多少可分为粗齿、细齿和密齿三种标准规格。

粗齿铣刀因为容屑槽宽大,所以适合铣削不锈钢和铝合金等长屑金属;又因为铣刀同时铣削金属的齿数少,所以产生的切削力小,适合小功率主轴机床选用或者铣削工件夹持薄弱的工件。

密齿铣刀用于主轴功率足够大的机床,在工件夹持足够牢固的情况下,可以获得大切深、大走刀的高效率金属去除率,也适合灰铸铁等要求容屑能力差的金属铣削。

细齿铣刀属于齿数适中的铣刀,通用性好,使用范围广,通常作为首选推荐铣刀。若要求切削力较小,则可减少刀片数目(均匀地邻位拆除刀片)。

在铸钢、铸铁件的大余量粗加工中为防止工艺系统出现共振,建议优先选用不等分齿距面铣刀。

3) 面铣刀的几何角度

在选择面铣刀的几何角度时,通常考虑的主要因素有工件材料、刀具材料、刀具结构和加工性质等。

① 前角和后角　铣刀的前角可分为径向前角和轴向前角,如图 2-3 所示。径向前角主要影响切削功率;轴向前角则影响切屑的形成和轴向力的方向,当轴向前角为正值时切屑即飞离加工面。切削一般材料时通常选用前角小、后角大的铣刀;切削强度高、硬度高的材料时宜选用负前角、小后角铣刀;粗齿铣刀选用小后角,密齿铣刀取大后角。

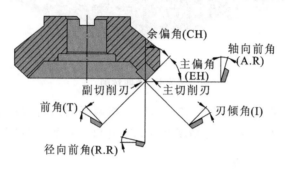

图 2-3　面铣刀各角度

② 主偏角　面铣刀常用的主偏角是 45°、90°、10°、75°及圆刀片。

45°面铣刀为一般加工首选,切削过程中背向力大约等于进给力,对机床功率的要求相对较小。在加工薄壁零件时,工件会发生挠曲,导致加工精度下降;切削铸铁时,有利于防止工件边缘产生崩落。

90°面铣刀适用于加工薄壁零件、装夹较差的零件和要求准确 90°成形的场合,切削过程中进给抗力大,易振动,要求机床具有较大的功率和较高的刚度。

75°主偏角铣刀,主要用于冷硬铸铁和铸钢的表面粗加工。

圆刀片刀具意味着连续可变的主偏角,范围为 0~90°。此种刀片具有非常坚固的切削刃,并且由于产生薄屑,切削力会顺着长长的切削刃均匀分布,具有切削平稳,对机床功率、稳定性的要求低等特点,已成为具有高效金属去除率的粗加工刀具。

三、平面铣削时的走刀路线

1. 走刀路线

走刀路线是指刀具的刀位点相对于工件的运动轨迹,即刀具从起刀点开始运动,直至加工结束所经过的路径,包括切削加工时的路径、进退刀路径及刀具在切削轨迹间的横向偏移等非切削空行程。走刀路线不仅影响零件的加工精度和表面质量,而且会影响零件的加工效率和加工成本。通常确定走刀路线的基本原则如下。

(1) 合理的走刀路线应保证被加工零件的加工精度和表面质量;

(2) 使数值计算简单,减少编程工作量;

(3) 应使走刀路线最短,以提高加工效率;

(4) 走刀路线还应根据工件的加工余量和机床、刀具的刚度等具体情况确定。

在规划走刀路线时,除需考虑上述原则外,还需防止刀具与机床、夹具及工件之间产生碰撞。

如图 2-4 所示,任何一个零件的加工都需要经过若干个工步才能完成,而每个工步又可分成若干次走刀,在数控编程时用 G 代码将每一次走刀描述出来就能得到一个程序块,进而得到每一个工步的数控程序。因此,编制数控加工程序时,重要工作之一是用 G 代码去描述刀具的走刀路线。因此,编程前正确、合理地绘制出走刀路线是保证零件加工质量、提高加工效率和降低加工成本的关键步骤。

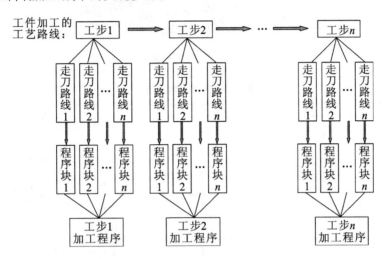

图 2-4 走刀路线与数控程序的关系

2. 平面的确定

Z 向下刀过程中几个平面的确定,如图 2-5 所示。

1) 初始平面与返回平面

初始平面是程序开始时刀位点所在的 Z 平面;返回平面是指程序结束时,刀位点所在的平面,一般与初始平面重合。通常将其定义在高出工件最高点 50~100 mm 的某个位置上。

2) 安全平面

当刀具沿 Z 向快速接近工件表面时,为防止撞刀,应将进给速度由快速进给转换成切削进给,进给速度转换点所处的 Z 平面即为安全平面。安全平面距离工件待加工表面一般设为 5~10 mm。零件加工结束后,刀具以进给速度抬刀至安全平面后方可转为以 G00 速度返回初始平面。

3) 切削平面

刀具到达切削层深度后刀位点所在的 Z 平面称为切削平面。

需要注意的是,当刀具沿 Z 向到达切削平面时,刀具外圆需与工件侧面之间留有 3~5 mm 的安全间隙。

将图 2-5 所示的走刀路线编程,如表 2-1 所示。事实上数控铣削编程时,一般都可套用此表中的下刀和抬刀程序。

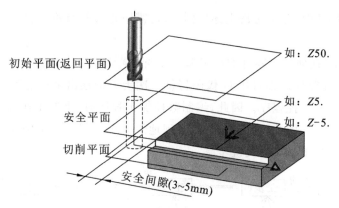

图 2-5　Z 向下刀平面

表 2-1　下刀和抬刀程序

程　　序	说　　明
G0X-65.Y-35.	
Z50.	快速下刀至初始平面
Z5.	快速下刀至安全平面
G1Z-5.F200	工进下刀至切削平面
X65.	切削
Z5.	工进抬刀至安全平面
G0Z50.	快速抬刀至初始平面
……	……

3. 切削过程中面铣刀相对于工件的位置

平面铣削中,刀具相对于工件的位置选择是否适当将影响到切削加工的状态和加工质量,如图 2-6 所示。

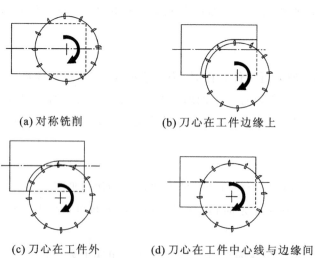

(a) 对称铣削　　　(b) 刀心在工件边缘上

(c) 刀心在工件外　　(d) 刀心在工件中心线与边缘间

图 2-6　铣削中刀具相对于工件的位置

1) 对称铣削

如图 2-6(a)所示,如果使面铣刀中心完全与工件中心一致,当切削刃进入和退出时,大小平均的径向切削力会在方向上左右不断变化,会引起机床主轴振动,还可能导致刀片破碎,形成很差的表面质量。

2) 刀心在工件边缘上

如图 2-6(b)所示,当刀心轨迹与工件边缘线重合时,刀片进入工件材料时的冲击力最大,对刀具寿命和工件加工质量的不利影响较大。

3) 刀心在工件外

如图 2-6(c)所示,刀心轨迹在工件边缘外时,刀具刚刚切入工件时,刀片相对工件材料冲击速度快,引起碰撞力也较大,容易使刀片破损或产生缺口。

4) 刀心在工件中心线与边缘间

如图 2-6(d)所示,当刀心处于工件内时,已切入工件材料的刀片承受最大切削力,而刚切入工件的刀片受力较小,引起的碰撞力也较小,有利于延长刀片寿命。

由以上分析可知,拟定面铣刀走刀路线时,最好将刀心轨迹设计在工件边缘与中心线之间。同时,在规划走刀路线时要尽量减少刀具的切入和切出次数,以减少对刀具刃口的冲击。因此,当加工面上如有孔或槽时,应尽可能安排在后续工序中完成,这在耐热合金钢材料的面铣时尤其重要。

4. 平面铣削走刀路线的确定

铣大平面时,由于刀具直径的限制,同一深度上有时需要分多次走刀,最为常见的走刀方法为单向多次走刀和双向多次走刀。

1) 单向多次走刀

如图 2-7(a)和图 2-7(b)所示,单向多次走刀时,切削起点在工件的同一侧,切削终点在工件的另一侧。每完成一次走刀后,刀具从工件上方快速定位到下一个切削起点。这种刀路能保证总是顺铣切削,加工质量较好,是精铣高质量的表面时常用的方法,但频繁的快速返回运动会导致加工效率降低。

2) 双向多次走刀

如图 2-7(c)和图 2-7(d)所示,双向多次走刀比单向多次走刀的切削效率高,但在改变走刀方向时,顺逆铣要互换,这会影响加工质量。因此,这种走刀方式适用于对平面质量要求不高的场合,如粗加工。

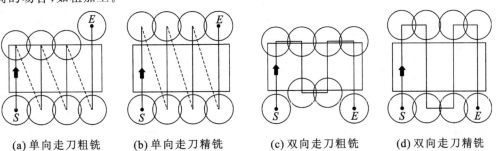

(a) 单向走刀粗铣　　(b) 单向走刀精铣　　(c) 双向走刀粗铣　　(d) 双向走刀精铣

图 2-7　铣大平面时的走刀路线

需要注意的是，无论哪一种走刀方式，面铣刀精铣平面时的每一次走刀完成后都必须使刀具完全离开工件，否则可能会发生"拖刀"现象，从而影响加工质量。

四、铣削用量的选择

铣削用量包括切削速度 V_c、进给量 F、铣削宽度 a_e 和铣削深度 a_p 等四个要素。选择切削用量时，应在保证工件加工质量的前提下，获得最高的生产效率和使用最低的加工成本。粗加工时，切削用量选择的次序是：根据铣削宽度，先选择尽可能大的背吃刀量，再选择大的进给速度，最后再选择合理的铣削速度（最后转换为主轴转速）；精加工时，先选择铣削速度，其次是选择进给量，最后确定侧吃刀量。

1. 铣削宽度 a_e 的选择

当沿着铣刀径向余量较大即同一深度需多次走刀时，一般立铣刀和端铣刀的铣削宽度 a_e 约设为铣刀直径的 60%。

2. 铣削深度 a_p 的选择

端铣刀粗铣时 a_p 为 2～5 mm，精铣时为 0.1～0.50 mm。

3. 进给量 F 的选择

粗铣时铣削力大，进给量的提高主要受刀具强度、机床、夹具等工艺系统刚度的限制。根据刀具形状和材料以及被加工工件材质的不同，在强度、刚度许可的条件下，进给量应尽量取大；精铣时限制进给量的主要因素是加工表面的粗糙度，为了减小工艺系统的弹性变形，减小已加工表面的粗糙度，一般采用较小的进给量，具体可参考表 2-2。进给量 F 与铣刀每齿进给量 f_z、铣刀齿数 z 及主轴转速 n(r/min) 的关系为：

$$F = f_z z \,(\text{mm/r}) \text{ 或 } F = n f_z z \,(\text{mm/min})$$

表 2-2　铣刀每齿进给量 f_z 推荐值(mm/z)

工件材料	硬度(HB)	高速钢铣刀		硬质合金铣刀	
		立铣刀	端铣刀	立铣刀	端铣刀
低碳钢	低于 150	0.04～0.20	0.15～0.30	0.07～0.25	0.20～0.40
	150～200	0.03～0.18	0.15～0.30	0.06～0.22	0.20～0.35
中、高碳钢	低于 220	0.04～0.20	0.15～0.25	0.06～0.22	0.15～0.35
	225～325	0.03～0.15	0.10～0.20	0.05～0.20	0.12～0.25
	325～425	0.03～0.12	0.08～0.15	0.04～0.15	0.10～0.20
灰铸铁	150～180	0.07～0.18	0.20～0.35	0.12～0.25	0.20～0.50
	180～220	0.05～0.15	0.15～0.30	0.10～0.20	0.20～0.40
	220～300	0.03～0.10	0.10～0.15	0.08～0.15	0.15～0.30
可锻铸铁	110～160	0.08～0.20	0.20～0.40	0.12～0.25	0.20～0.50
	160～200	0.07～0.20	0.20～0.35	0.10～0.20	0.20～0.40
	200～240	0.05～0.15	0.15～0.30	0.08～0.15	0.15～0.30
	240～280	0.02～0.08	0.10～0.20	0.05～0.10	0.10～0.25

续表

工件材料	硬度(HB)	高速钢铣刀		硬质合金铣刀	
		立铣刀	端铣刀	立铣刀	端铣刀
合金钢	低于220	0.05～0.18	0.15～0.25	0.08～0.20	0.12～0.40
	220～280	0.05～0.15	0.12～0.20	0.06～0.15	0.10～0.30
	280～320	0.03～0.12	0.07～0.12	0.05～0.12	0.08～0.20
	320～380	0.02～0.10	0.05～0.10	0.03～0.10	0.06～0.15
工具钢	退火状态	0.05～0.10	0.12～0.20	0.08～0.15	0.15～0.50
	低于HRC 36	0.03～0.08	0.07～0.12	0.05～0.12	0.12～0.25
	HRC 35～46			0.04～0.10	0.10～0.20
	HRC 46～56			0.03～0.08	0.07～0.10
铝镁合金	95～100	0.05～0.12	0.20～0.30	0.08～0.30	0.15～0.38

4. 铣削速度 V_c 的选择

铣削速度 V_c 应在保证合理的刀具耐用度、满足机床功率等因素的前提下确定,具体可参考表2-3。通常粗铣时选用较小的数值,精铣时采用较大的数值。主轴转速 n(r/min)与铣削速度 V_c(m/min)及铣刀直径 D(mm)的关系为:$n=1000V_c/(\pi D)$。

表2-3 铣刀的铣削速度 V_c(m/min)

工件材料	硬度(HB)	铣削速度 V_c	
		高速钢铣刀	硬质合金铣刀
低、中碳钢	低于220	21～40	60～150
	225～290	15～36	54～115
	300～425	9～15	36～75
高碳钢	低于220	18～36	60～130
	225～325	14～21	53～105
	325～375	8～21	36～48
	375～425	6～10	35～45
合金钢	低于220	15～35	55～120
	225～325	10～24	37～80
	325～425	5～9	30～60
工具钢	200～250	12～23	45～83
灰铸铁	110～140	24～36	110～115
	150～225	15～21	60～110
	230～290	9～18	45～90
	300～320	5～10	21～30

续表

工件材料		硬度(HB)	铣削速度 V_c	
			高速钢铣刀	硬质合金铣刀
可锻铸铁		110～160	42～50	100～200
		160～200	24～36	83～120
		200～240	15～24	72～110
		240～280	9～11	40～60
铸钢	低碳	100～150	18～27	68～105
	中碳	100～160	18～27	68～105
		160～200	15～21	60～90
		200～240	12～21	53～75
	高碳	180～240	9～18	53～80
铝合金			180～300	360～600
铜合金			45～100	120～190
镁合金			180～270	150～600

2.1.3 项目实施

一、工艺路线

加工如图 2-1 所示工件的上、下表面,表面区域大小为 171×111 矩形,上、下两平面间的距离为 $64_{-0.05}^{0}$,并且两平面间有 0.05 mm 的平行度要求,两平面均有 Ra3.2 的表面质量要求。由于上、下表面的加工余量较小,可以对其中一个表面精铣后,将零件翻转后,再精铣另一个表面。

二、刀具及切削用量的选择

本工件需要加工的表面较大,适合用端铣刀进行端铣,可选择齿数为5、直径为 $\phi63$ 的端铣刀,刀具材料为硬质合金。端铣刀的切削用量可以参考刀具商提供的刀具手册,也可以查阅相关的工艺手册。

铣削宽度 a_e 定为刀具直径的 60%,即 $a_e \approx 38$ mm;铣削深度 a_p 即为表面的加工余量 0.5 mm;现加工的材料为 45 钢(属于中碳钢),调质后硬度一般为 HRC30 左右,对应 HB 为 225～325,所用刀具为硬质合金端铣刀,根据表 2-2 可查得 f_z 为 0.12～0.25 mm/z,取 f_z=0.2 mm/z,根据表 2-3 可查得 V_c 为 54～115 m/min,精加工时可取较高切削速度,取 V_c=100 m/min。

将以上部分参数换算,可得:

$$n = 1000V_c/(\pi D) \approx 506 \text{ r/min}, \quad 取 n = 500 \text{ r/min}$$
$$F = nf_z z = 500 \times 0.2 \times 5 \text{ mm/min} = 500 \text{ mm/min}$$

由此,可以制作如表 2-4 所示的数控加工工序单。

表 2-4 平面铣削数控加工工序单

序号	加工内容	刀具规格	$S/(\text{r/min})$	$F/(\text{mm/min})$	a_p/mm	a_e/mm
1	精加工上、下表面	φ63 硬质合金端铣刀	500	500	0.5	38

三、装夹方案

本工件的定位理论上只需要限制三个自由度,但由于数控机床的自适应能力较差,无法根据工件安装位置的变化自动调整相应的数控程序,因此需限制其六个自由度;为避免干涉,需从两侧面夹紧。所采用的夹具为虎钳,保证工件上表面露出钳口 8 mm 即可,如图 2-8 所示。

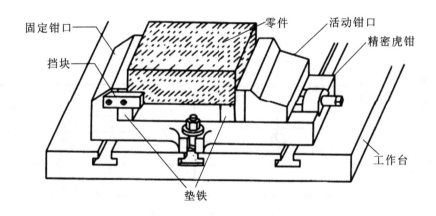

图 2-8 平面铣削装夹示意图

四、走刀路线及程序编制

如图 2-9 所示,为编程方便,将编程坐标系 X、Y 向零点设置在工件上表面的对称中心处,Z 向零点设在距离毛坯表面以下 0.5 mm 处,工件原点偏置设定在 G54 寄存器下。将初始平面设定在工件以上 50 mm 处,安全平面设定在工件上表面 5 mm 处,侧面安全间隙设为 5 mm。

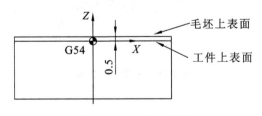

图 2-9 Z 向零点设置

走刀路线如图 2-10 所示,其中 1 号点为下刀点,6 号点为抬刀点,采用双向走刀路线,路径为 1→2→…→6。程序号设为 O2150,程序仿真结果如图 2-11 所示。

```
O2150
G0G90G54X-122.1Y50.
Z50.
S500M3
Z5.M8
G1Z0F500
X118.
Y13.
X-122.
Y-24.
X119.
G0 Z200.
X200.Y200.M9
M5
M30
```

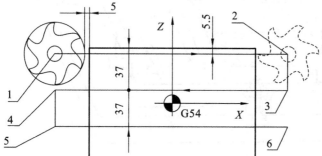

图 2-10 平面铣削走刀路线

	X	Y
1	-122	50
2	119	50
3	119	13
4	-122	13
5	-122	-24
6	119	-24

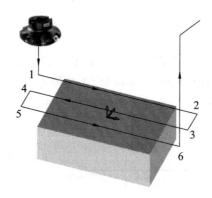

图 2-11 平面铣削仿真

思考与练习

在数控铣床上完成如图 2-12 所示零件上表面的铣削,工件材料为 LY12,毛坯尺寸为

180×120×41。要求：

（1）合理选择刀具及切削用量；

（2）确定工件的装夹方案；

（3）填写工序单；

（4）合理绘制走刀路线并标注走刀路线中各转折点的点位坐标，包括 Z 向下刀及抬刀、XY 平面进退刀与切削路线；

（5）编写数控程序；

（6）用 CIMCO Edit 软件对数控程序仿真。

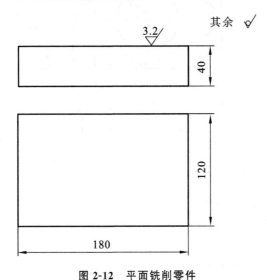

图 2-12 平面铣削零件

项目 2.2 外轮廓铣削工艺与编程

2.2.1 项目描述

如图 2-13 所示，毛坯材料为 45 钢，调质状态，毛坯是尺寸为 171×111×64 的方块，毛坯的六个表面均已加工，现需要对圆台及菱形凸台轮廓进行粗加工，各轮廓周边及各台阶面均留 0.3 mm 精加工余量。

2.2.2 编程基础

一、圆弧插补

1. 指令格式

圆弧插补的指令格式与圆弧所在的坐标平面有关。

（1）在 XY 平面上的圆弧插补。

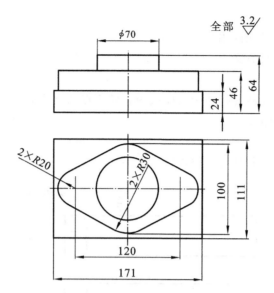

图 2-13 外轮廓铣削零件图

$$G17 \begin{Bmatrix} G02 \\ G03 \end{Bmatrix} X\_Y\_ \begin{Bmatrix} R\_ \\ I\_J\_ \end{Bmatrix} F\_ \text{（G17 可省略）}$$

（2）在 ZX 平面上的圆弧插补。

$$G18 \begin{Bmatrix} G02 \\ G03 \end{Bmatrix} X\_Z\_ \begin{Bmatrix} R\_ \\ I\_K\_ \end{Bmatrix} F\_$$

（3）在 YZ 平面上的圆弧插补。

$$G19 \begin{Bmatrix} G02 \\ G03 \end{Bmatrix} Y\_Z\_ \begin{Bmatrix} R\_ \\ J\_K\_ \end{Bmatrix} F\_$$

2. 指令说明

（1）圆弧插补顺、逆方向的判断。

圆弧插补顺、逆方向的判断方法：沿垂直于圆弧插补平面的第三根坐标轴的正方向往负方向看，顺时针方向为顺时针圆弧插补，用 G02 指令；逆时针方向为逆时针圆弧插补，用 G03 指令，如图 2-14 所示。

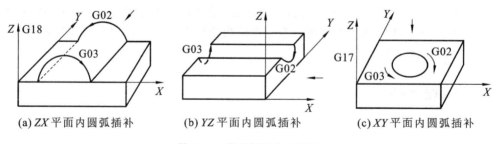

(a) ZX 平面内圆弧插补　　(b) YZ 平面内圆弧插补　　(c) XY 平面内圆弧插补

图 2-14 圆弧插补方向判断

（2）X_ Y_ Z_。

X_ Y_ Z_ 为圆弧的终点坐标值，其值可以是绝对坐标，也可以是圆弧终点相对于起点的增量坐标。

(3) 圆弧插补的两种编程模式。

圆弧插补有两种编程模式,即 R 编程和 I、J、K 编程。R 编程模式采用"两点半径"的方法确定唯一的圆弧,而 I、J、K 编程则采用"两点圆心"的方法确定唯一的圆弧。

当采用 R 编程模式时,R 代表的是圆弧半径,此时 R 分正负,以保证机床在做圆弧插补时所获得的圆弧轨迹是唯一的。当需要插补的圆弧为优弧时,R 取负值;当需要插补的圆弧为劣弧时,R 取正值,如图 2-15 所示的 AB 段圆弧插补。

当使用 I、J、K 编程时,I、J、K 分别代表圆心相对于圆弧起点在 X、Y、Z 轴方向上的坐标增量,当 I、J、K 为零时可以省略不写。

需要注意的是,在整圆插补时不可以使用 R 编程,只能用 I、J、K 编程。

如图 2-16 所示,根据圆弧起点与圆心坐标值可以算出 I、K,对应的圆弧插补程序为:

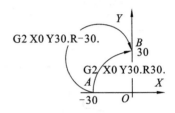

图 2-15　R 值的正负判别

G18 G03 X10. Z10. I-5. K-10.

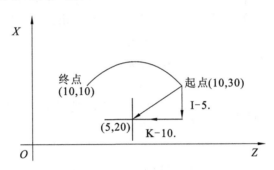

图 2-16　圆弧插补中的 I、J 值

例 2-1　铣削加工如图 2-17 所示的 A→D 曲线轮廓,分别用 R 编程模式和 I、J、K 编程模式编写的程序段如表 2-5 所示。

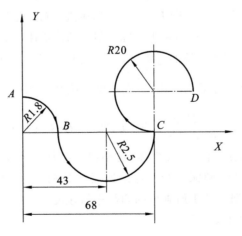

图 2-17　R 及 I、J、K 编程示例

表 2-5 R 编程与 I、J、K 编程对比

R 编程	I、J、K 编程	说　　明
……	……	
G0X0.Y18.	X0.Y18.	定位到 A 点
G2 X18.Y0.R18.	G2 X18.Y0.J-18.	铣 AB 圆弧
G3 X68.R25.	G3 X68.I25.	铣 BC 圆弧
G2 X88.Y20.R-20.	G2 X88.Y20.J20.	铣 CD 圆弧
……	……	

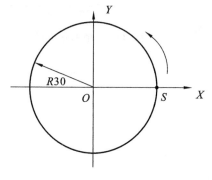

图 2-18　整圆加工示例

例 2-2　如图 2-18 所示,编写以 S 点为起点和终点的整圆加工程序。

在编写该整圆加工程序时,有两种方法。

一种方法是采用 I、J、K 指令格式编写,此时 I=-30,J=0,编程结果为:

```
G3 X30.Y0 I-30.J0
```

或简写成:

```
G3 I-30.
```

另一种方法是将整圆分成两段圆弧,采用 R 指令格式编写:

```
G3 X0.Y30.R30.        //加工前 1/4 圆弧
   X30.Y0.R-30.       //加工后 3/4 圆弧
```

3. 圆弧插补时进给速度的修正

数控机床在执行 F 指令时,所控制的是刀心点的进给速度,即刀心处的进给速度为编程时所设定的进给速度 F。因此,在铣削圆弧轮廓时,位于铣刀圆周上的切削点的实际进给速度 $F_{实际}$ 并不等于刀心处的进给速度 F,即 $F_{实际} \neq F$。如在执行 G2 X30.Y0 R30.F300 程序段时,铣刀刀心点的进给速度为 300 mm/min,但实际切削点的进给速度 $F_{实际} \neq 300$ mm/min。

如图 2-19 所示,在做圆弧插补的过程中,刀心点与刀具圆周上的实际切削点相对于工件轮廓圆心的进给角速度是相等的。因此,在铣削凸圆弧轮廓时,$F_{实际} = \dfrac{R_{工件}}{R_{工件}+R_{刀具}} F < F$;在凹圆弧轮廓切削时,$F_{实际} = \dfrac{R_{工件}}{R_{工件}-R_{刀具}} F > F$,此时,若 $R_{工件}$ 与 $R_{刀具}$ 很接近,则 $F_{实际} \gg F$,即刀具的实际进给速度将会比给定值高得多,这不但影响加工质量,还有可能损坏刀具或工件。因此,在编程时需要考虑圆弧半径对进给速度的影响,并可按式(2-1)和式(2-2)进行必要的修调,其中 f 为根据工艺手册查得的切削进给速度。

切削凹圆弧时的编程速度:

$$F = \dfrac{R_{工件} - R_{刀具}}{R_{工件}} f \tag{2-1}$$

切削凸圆弧时的编程速度：

$$F = \frac{R_{工件} + R_{刀具}}{R_{工件}} f \quad (通常情况下可不做修调) \quad (2\text{-}2)$$

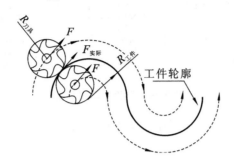

图 2-19　切削点与刀心点进给速度的关系

二、子程序

有些零件需要在不同的位置上重复加工同样的轮廓形状，为了简化编程，常常将这一轮廓形状的加工程序作为子程序，然后在需要的位置上重复调用，就可以完成对该零件的加工。

1. 子程序的格式

子程序的格式与主程序大体相同，也是由子程序名、子程序体和子程序结束指令等组成，不同的是子程序必须用 M99 作为程序结束指令。如：

```
%
O2001        //子程序名,命名规则与主程序名相同
……          //子程序体,编程指令和格式与主程序的相同
M99          //子程序结束
%
```

2. 子程序的调用

根据 FANUC 系统版本，子程序的调用格式有两种。

格式一：M98 P＿＿＿XXXX

地址 P 后面的"＿＿＿"表示调用次数，FANUC 系统允许重复调用的次数最多为 999 次。如果省略了重复次数，则为 1 次。后面四位数字"ＸＸＸＸ"表示被调用的子程序名。如 M98 P3001 表示调用子程序 O3001 共 1 次，M98 P23001 表示调用子程序 O3001 共 2 次。

格式二：M98 PXXXX L＿＿＿

地址 P 后面的四位数字为子程序名，地址 L 后面的数字表示重复调用的次数，当只调用一次时，L 可省略不写。如 M98 P1234 L5 表示调用子程序 O1234 共 5 次。

此外，被主程序调用的子程序，还可以调用其他的子程序，这称为子程序的嵌套。子程序执行完成后返回到上一级程序中调用本子程序的程序段的下一段程序处。如图 2-20 所示，主程序 O1001 在 N30 程序段处连续两次调用了第一个子程序 O0301，而子程序 O0301 在 N50 程序段处又调用了一次子程序 O0501；子程序 O0501 执行完成后返回 O0301 程序中的 N60 程序段处，子程序 O0301 执行完成后返回 O1001 程序中的 N40 程序段处。

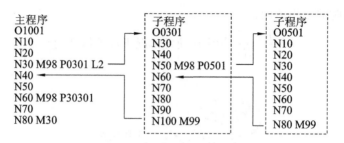

图 2-20 子程序调用示例

注意:对于不同的数控系统,子程序的调用指令格式是不一样的,使用时必须参照有关系统的编程说明书。

3. 子程序的应用

在对平面轮廓数控铣削编程时,子程序常用于两种场合,下面以 XY 平面内的轮廓铣削为例进行介绍。

(1) XY 平面内同一位置腔槽或凸台 Z 向分层切削。

例 2-3 加工如图 2-21(a)所示的高度为 12 mm 的凸台,采用直径为 $\phi 10$ 的立铣刀分层切削,若每层的切深为 3 mm,则共需分 4 层。对应的主程序为 O2210,采用绝对坐标编程的子程序为 O2211,采用相对坐标编程的子程序为 O2212,如表 2-6 所示。仿真结果如图 2-21(b)所示。

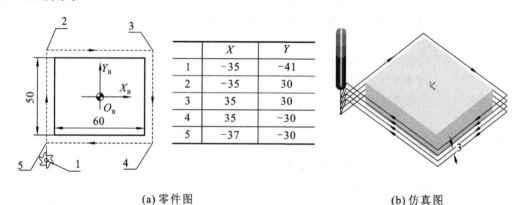

(a) 零件图 (b) 仿真图

图 2-21 分层切削应用子程序示例

表 2-6 应用子程序编程

主 程 序	子 程 序		
O2210	O2211	O2212	
G0G90G54X−35.Y−41.	G91Z−3.	G91Z−3.	$a_p = 3$ mm
S500M3	G90Y30.	Y71.	刀具到达 2 号点
Z5. M8	X35.	X70.	刀具到达 3 号点
G1Z0F200	Y−30.	Y−60.	刀具到达 4 号点

续表

主 程 序	子 程 序		
M98P42211//或 M98P42212	X−37.	X−72.	刀具到达5号点
G0G90Z50. M9	X−35. Y−41.	X2. Y−11.	刀具回到1号点
Z100. M5	M99	G90 M99	
M30			

（2）XY平面内具有相同轮廓的腔槽或凸台在不同位置切削。

例 2-4 加工如图 2-22 所示的高度为 12 mm 的三个凸台 A、B、C，采用直径为 ϕ10 的立铣刀分层切削，每层的切深为 3 mm，共需分 4 层。此时，当子程序采用绝对编程时，可以预先设定多个编程坐标系，当子程序采用相对编程时则只要设定一个编程坐标系即可，对应的程序编制的方法通常有三种。仿真结果如图 2-23 所示。

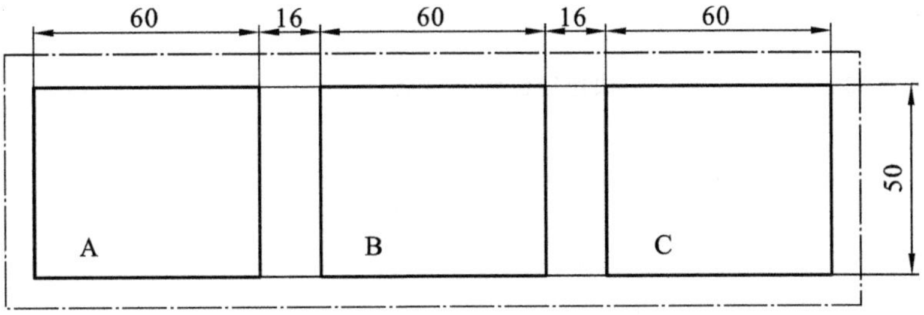

图 2-22 不同位置凸台应用子程序示例

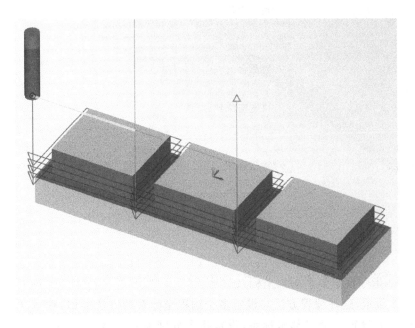

图 2-23 不同位置凸台应用仿真图

① 设定多个编程坐标系。

如图 2-24 所示，分别在 A、B、C 三个凸台的对称中心 O_A、O_B、O_C 处设定编程坐标系 G55、G54 和 G56。此时铣削三个凸台时的下刀点 S_A、1、S_C 分别在 G55、G54 和 G56 坐标系下的坐标值是相同的，都为（-35，-41）。对应子程序如表 2-6 所示，仍为 O2211，主程序为 O2220。

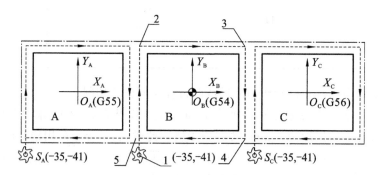

图 2-24 不同编程坐标系下的子程序

```
O2220
G0G90G54X-35.Y-41.        //快速定位到 1 号点
S500M3
Z5.
M8
G1Z0F200
M98P42211                 //铣凸台 B
G0Z50.
G55X-35.Y-41.             //快速定位到 S_A 点
Z5.
G1Z0
M98P42211                 //铣凸台 A
G0Z50.
G56X-35.Y-41.             //快速定位到 S_C 点
Z5.
G1Z0
M98P42211                 //铣凸台 C
G0Z50.
M9
Z100.
M5
M30
```

② 用 G52 指令设定多个局部坐标系。

如图 2-25 所示，这种编程方法与设定多个编程坐标系的方法类似，在 A、C 凸台的对称中心 O_A、O_C 处各设定一个局部坐标系，设定指令分别为 G52 X-76.Y0 和 G52 X76.Y0。对应子程序内容没有变化，仍为 O2211，主程序为 O2230。

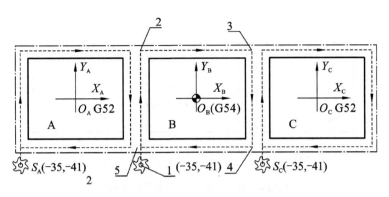

图 2-25 局部编程坐标系下的子程序

```
O2230
G0G90G54X-35.Y-41.
S500M3
Z5.
M8
G1Z0F200
M98P42211              //铣凸台 B
G0Z50.
G52X-76.Y0             //设定局部坐标系的原点为 $O_A$
X-35.Y-41.             //快速定位到 $S_A$ 点
Z5.
G1Z0
M98P42211              //铣凸台 A
G0Z50.
G52X0Y0
G52X76.Y0              //设定局部坐标系的原点为 $O_C$
X-35.Y-41.             //快速定位到 $S_C$ 点
Z5.
G1Z0
M98P42211              //铣凸台 C
G0Z50.
G52X0Y0
M9
Z100.
M5
M30
```

③ 子程序采用增量编程。

如图 2-26 所示,子程序只能采用增量编程,主程序中刀具定位到各下刀点的坐标一般用绝对坐标值表示,此时 $S_A(-111,-41)$、$S_C(41,-41)$。对应的主程序为 O2240,子程序为表 2-6 中的 O2212。

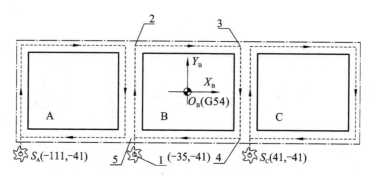

图 2-26 同一个编程坐标系下的子程序

```
O2240
G0G90G54X-35.Y-41.
S500M3
Z5.
M8
G1Z0F200
M98P42212              //铣凸台 B
G0G90Z50.
X-111.                 //快速定位到 S_A 点
G1Z0
M98P42212//            //铣凸台 A
G0G90Z50.
X41.                   //快速定位到 S_C 点
G1Z0
M98P42212//            //铣凸台 C
G0G90Z50.
M9
Z100.
M5
M30
```

4. 使用子程序的注意事项

(1) 注意主程序与子程序间绝对模式与相对模式的变换,当子程序采用了 G91 模式时,返回主程序时应注意及时返回 G90 模式。如:

```
O1234       主程序         O1111 子程序
G90 G54     G90 模式       G91……
M98 P1111   G91 模式       ……
……                         M99
G90……       G90 模式
M30
```

(2) 在半径补偿模式中的程序不能被分支,即在主程序中建立刀补,则应在主程序中取消刀补;在子程序中建立刀补就应在子程序中取消刀补。

2.2.3 工艺基础

一、外轮廓铣削方法

对于二维平面轮廓零件,适合用立铣刀周铣加工。加工具有台阶面的平面轮廓时,立铣刀在对工件轮廓周铣的同时,还对垂直于刀具轴的台阶面进行端铣。

粗铣轮廓时,力求用最短的时间切除工件大部分余量。但当工件 X、Y 向或 Z 向有较大余量时,受工艺系统刚度和强度限制,刀具不可能一次走刀就切削完成该向所有余量,而应根据工艺系统刚度和强度的实际情况分层多次切削。此外,轮廓是否分层切削,还取决于工件的加工质量要求。如当轮廓的尺寸精度要求为 IT10 至 IT9、表面粗糙度要求为 $Ra3.2$ 至 $Ra6.3$ 时,需分粗、精铣两次加工,粗铣时留 $0.1 \sim 0.3$ mm 的精铣余量;当轮廓的尺寸精度要求为 IT9 至 IT7、表面粗糙度要求为 $Ra1.6$ 至 $Ra3.2$ 时,需分粗、半精和精铣三次加工,半精铣加工余量为 $0.5 \sim 2$ mm。

二、常用的轮廓铣削刀具

平面轮廓铣削常用的刀具为立铣刀。立铣刀的圆柱表面和端面上都有切削刃,它们既可以同时进行切削,也可以单独切削。如图 2-27 所示,立铣刀主要用于铣削平面、台阶、腔槽及内外轮廓等。立铣刀的铣削方式多样,除了可进行直线铣削、圆弧铣削外,还可进行斜线铣削和螺旋铣削,有些立铣刀甚至可以进行钻式铣削,如图 2-28 所示。因此,立铣刀应用广泛,是数控机床上用得最多的一种铣刀。

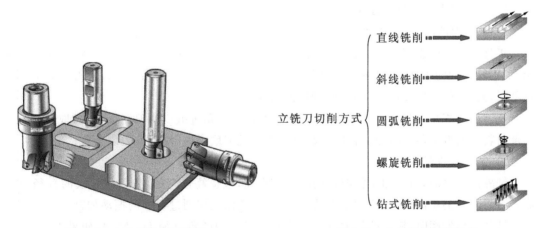

图 2-27 立铣刀的加工范围 图 2-28 立铣刀的铣削方式

周铣平面轮廓时,立铣刀轴线平行于轮廓侧面,铣刀的圆柱素线的直线度及铣刀装夹后的径向圆跳动都将会对轮廓面的加工质量产生影响。通常立铣刀刀杆较长、直径较小,因此刚度较低,容易产生弯曲变形和振动。周铣时刀齿断续切削,刀齿依次切入和切离工件,易引起周期性的冲击振动。

1. 立铣刀的种类

立铣刀按齿数可分为粗齿、中齿和细齿三种。一般粗齿立铣刀齿数为 $3 \sim 4$ 个,细齿立铣刀齿数为5~8个,套式铣刀齿数为10~20个,容屑槽圆弧半径为2~5 mm。当立铣刀直径较大时,还可制成不等齿距结构,以增强抗振作用,使切削过程平稳。

立铣刀螺旋角有30°、40°、60°等几种形式。标准立铣刀的螺旋角为40°~45°(粗齿)和60°~65°(细齿),套式结构立铣刀的螺旋角为15°~25°。增大螺旋角,可增大实际切削前角,使切削轻快,排屑变得容易,并且在同样铣削深度时大螺旋角对铣削力的分散可起到良好效果。一般粗加工选用30°~45°螺旋角铣刀,精加工选用45°~60°螺旋角铣刀。

按端部切削刃的不同,立铣刀可分为过中心刃和不过中心刃两种,如图2-29所示。过中心刃立铣刀可直接轴向进刀,不过中心刃立铣刀由于端面中心处无切削刃,所以它不能做轴向切削进给。

(a) 过中心刃立铣刀

(b) 普通立铣刀

图 2-29 立铣刀

2. 立铣刀主要参数的选择

1) 立铣刀的前、后角选择

工件材料的强度、硬度低时,应取较大的前角;工件材料强度、硬度高时,应取较小的前角;加工特别硬的工件(如淬硬钢)时,前角取很小甚至取负值。如用硬质合金刀具加工一般钢件时,γ_o可为10°~20°;加工铝合金时,γ_o可为30°~35°。

铣刀的磨损主要发生在后刀面上,因此适当加大后角可减少铣刀磨损,α_o常取5°~12°。工件材料软时取大值,工件材料硬时取小值;粗齿铣刀取小值,细齿铣刀取大值。

2) 立铣刀的直径选择

铣外凸轮廓时,可按加工情况选用较大的直径,以提高铣刀的刚度;但过大的直径会造成各刀齿之间的距离增大,使切削力的波动增大,从而使切削过程中的振动加剧。

铣削凹形轮廓时,铣刀的最大直径受轮廓的最小凹圆角直径D_{min}限制,如果D_{min}过小,通常可先采用大直径刀具进行粗加工,然后用小直径刀具对轮廓上残留的、余量过大的局部区域清根后再对整个轮廓进行精加工。

① 粗铣内腔轮廓面时铣刀最大直径D_{max}可按式(2-3)计算,参见图2-30(a)。

$$D_{max}=\frac{2[\delta\sin(\varphi/2)-\delta_1]}{1-\sin(\varphi/2)}+D_{min} \quad (2-3)$$

式中:D_{min}——轮廓上的最小凹圆角直径;

δ——圆角邻边夹角等分线上的精加工余量;

δ_1——精加工余量；

φ——圆角两邻边的最小夹角。

② 精铣内腔轮廓面时，铣刀的直径 d 应小于零件轮廓的最小凹圆角直径 D_{min}，一般取 $d=(0.8\sim0.9)D_{min}$。

③ 铣筋板时，为减小振动及筋板变形，刀具直径不宜过大，一般取 $d=(5\sim10)b$，b 为筋的厚度。

立铣刀的直径包括名义直径和实测的直径。名义直径为刀具厂商给出的值，实测的直径是精加工用作半径补偿的补偿值。重新刃磨过的刀具，即使用实测的直径作为刀具半径偏置，不宜将它用在精度要求较高的精加工中，这是因为重新刃磨过的刀具存在较大的圆跳动误差，会影响到加工轮廓的精度。

3）立铣刀的长度选择

立铣刀的长度越长，抗弯强度越差，越会影响加工质量，并容易产生振动、加速切削刃的磨损。

一般取 $L=H+(5\sim10)$ mm，其中，L 为立铣刀悬伸部分长度，H 为零件切削部分最大高度，如图 2-30(b)所示。

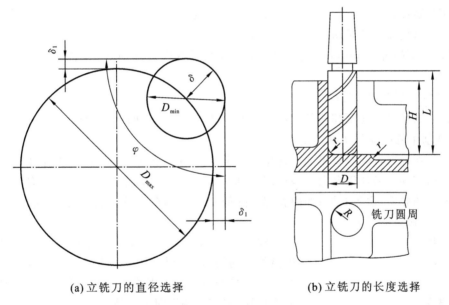

(a) 立铣刀的直径选择　　　　(b) 立铣刀的长度选择

图 2-30　立铣刀的尺寸选择

4）立铣刀的刀齿数选择

铣刀齿数应根据工件材料和加工要求选择。

加工塑性材料（如铝、镁等）时，为避免产生积屑瘤，常用刀齿少的立铣刀；加工脆性材料时，需要重点考虑的是避免刀具颤振，保证切削过程平稳，应选择多刀齿立铣刀。

同直径的铣刀刀齿越少，螺旋槽之间的容屑空间就越大，如图 2-31 所示。粗加工时首先考虑的是毛坯材料的去除率，应选择齿数少的粗齿铣刀，其强度高、容屑空间大；精加工时首先考虑的是加工精度和表面质量，应选择齿数多的细齿铣刀，使切削过程更加平稳。

总之，一般铣削塑性材料或粗加工时，选用粗齿铣刀；铣削脆性材料或半精加工、精加工

(a) 2刃铣刀　　　　　(b) 4刃铣刀　　　　　(c) 3刃铣刀

图 2-31　铣刀断面比较

时,选用中、细齿铣刀。

三、立铣刀切削用量的选择

1. 铣削宽度 a_e 的选择

粗加工时在满足机床功率和刀具刚度的前提下,应尽可能选取较大的铣削宽度,但一般不超过刀具直径的 60%;精加工时,周铣侧吃刀量 a_e 取 0.1～0.3 mm。

2. 铣削深度 a_p 的选择(d 为铣刀直径)

当铣削宽度 $a_e < d/2$ 时,$a_p = (1/3 \sim 1/2)d$;

当铣削宽度 $d/2 \leqslant a_e < d$ 时,$a_p = (1/4 \sim 1/3)d$;

当铣削宽度 $a_e = d$ 时,$a_p = (1/5 \sim 1/4)d$。

一般 a_p 不超过 7 mm,以防止背吃刀量过大而造成刀具损坏,精铣端面时为 0.05～0.3 mm。

3. 其他切削参数的选择

立铣刀切削进给速度和切削速度可按照表 2-2、表 2-3 中的参数选择。

4. 铣削中的振动与切削用量

立铣刀在加工过程中有可能出现振动现象。振动会使铣刀周齿的吃刀量不均匀变化,影响加工精度和刀具使用寿命。当出现刀具振动时,应考虑降低切削速度和进给速度,从而改变激振力的频率,避免共振;如两者都已降低 40% 后仍存在较大振动,则应考虑减小吃刀量,以抑制激振力的峰值。

注意:当使用整体式涂层立铣刀时,宜选择小切深、大进给的切削用量,主要原因是涂层刀具的周齿不能够重磨。当刀具磨损后直接用线切割的方法沿刀具径向将磨损段切掉,再重磨端齿即可重新使用。

四、外轮廓铣削时的走刀路线

1. 外轮廓粗铣时的走刀路线

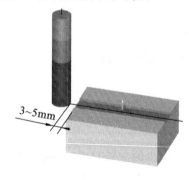

图 2-32　下刀侧隙

粗铣时为安全起见,刀具通常先定位到毛坯外侧,然后沿 Z 轴下刀,在此过程中刀具圆周面与工件毛坯轮廓面之间应有 3～5 mm 的安全间隙,如图 2-32 所示。当毛坯形状与轮廓形状较为接近时,可以采用环形走刀的切削路线;否则,可以采用"行切＋环切"的走刀方式,先规划环切走刀路线,再由内向外规划行切走刀路线。

另外,数控铣削时,无论是粗铣还是精铣,一般均应尽可能选择顺铣的方式。

2. 外轮廓精铣时的走刀路线

精铣时,可以将工件轮廓偏移一个刀具半径,得到切削轮廓的走刀路径,但还需考虑下述因素。

1) 精铣时的进退刀路线

如图 2-33(a)所示,当沿着轮廓的法向切入工件时,在切入点处由于切削力方向的突然变化会在轮廓表面留下接刀痕,影响工件的表面质量。因此,精铣时刀具应避免沿工件轮廓的法向切入,而应如图 2-33(b)所示沿轮廓曲线的切向切入,以保证零件轮廓曲线的平滑过渡;同理,在切出工件时,也应沿零件曲线切向切离工件。

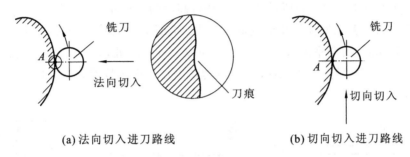

(a) 法向切入进刀路线　　(b) 切向切入进刀路线

图 2-33　外轮廓精铣时的进刀路线

如图 2-34 所示,精铣轮廓时一般常用的进退刀路线有:沿工件轮廓延长线切入切出、沿与轮廓相切的圆弧切入切出以及沿工件轮廓切线切入切出等方式。除此外,也可在此基础上混合使用,如直线切入、圆弧切出或圆弧切入、直线切出等。

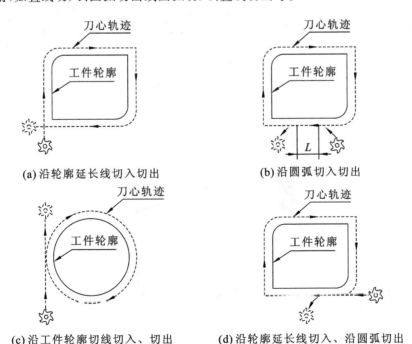

(a) 沿轮廓延长线切入切出　　(b) 沿圆弧切入切出

(c) 沿工件轮廓切线切入、切出　　(d) 沿轮廓延长线切入、沿圆弧切出

图 2-34　精铣轮廓时的进退刀路线

另外,当精加工走刀路线封闭环时,若对零件的表面加工质量要求较高,则刀具在重新到达切入点之后、切出零件轮廓之前应沿轮廓多走一段距离,即切入点、切出点之间需要有一定的切削路线重叠量 L,以尽可能减少切入、切出时的刀痕,提高进退刀点处的表面质量,如图 2-34(b)所示。

2) 精铣时的切削路线

为保证零件的加工质量,精加工时应采用顺铣方式,且刀具应沿工件轮廓一次走刀完成,要尽量减少在切削过程中的暂停。由于在轮廓加工过程中,由工件、刀具、夹具和机床等组成的工艺系统处在弹性变形的平衡状态下,当进给停顿时,吃刀抗力会突然减小,从而改变系统的平衡状态,刀具会在进给停顿处的轮廓表面留下刀痕。

例 2-5 精铣如图 2-35(a)所示的凸台,凸台高度为 4 mm。刀具直径为 $\phi 12$ mm,采用沿工件轮廓延长线切入、圆弧切出的进退刀路线,切出圆弧半径为 4 mm,切入、切出点间的重叠距离为 5 mm。安全平面设为工件上表面以上 5 mm 处,$a_p = 4$ mm。走刀路线如图 2-35(b)所示,其中 10 号点为切入点,11 号点为切出点。程序号设为 O2245,程序仿真结果如图 2-36 所示。

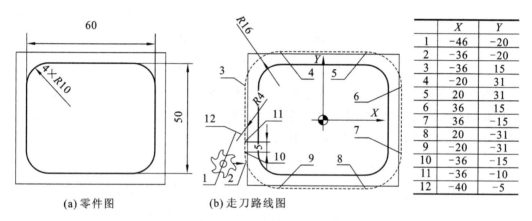

(a) 零件图　　　　(b) 走刀路线图

	X	Y
1	-46	-20
2	-36	-20
3	-36	15
4	-20	31
5	20	31
6	36	15
7	36	-15
8	20	-31
9	-20	-31
10	-36	-15
11	-36	-10
12	-40	-5

图 2-35　外轮廓精铣示例

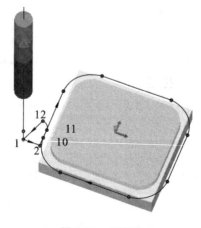

图 2-36　仿真图

```
O2245
G0 G90 G54 G0 X-46. Y-20.
Z50.
S500 M03
Z5.
G1 Z-4. F200
X-36. M08
Y15.                         //沿轮廓延长线切入(2号点→3号点)
G02 X-20. Y31. R16.
G01 X20.
G02 X36. Y15. R16.
G01 Y-15.
G02 X20. Y-31. R16.
G01 X-20.
G02 X-36. Y-15. R16.
G1 Y-10.                     //切入、切出点 5mm 重叠量(10号点→11号点)
G03 X-40. Y-6. R4.           //R4 圆弧切出(11号点→12号点)
G01 X-46. Y-20. M09
G0 Z100. M5
M30
```

2.2.4 项目实施

一、工艺路线

本项目只需对如图 2-13 所示的工件进行粗加工,加工顺序为:先粗铣圆台至 $\phi 70.6$、46.3,后粗铣菱形凸台至尺寸 $2 \times R20.3$、$2 \times R30.3$、24.3 和 100.6,如图 2-37 所示。

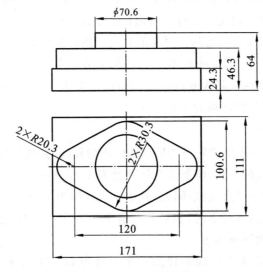

图 2-37 外轮廓粗铣尺寸图

二、刀具及切削用量的选择

加工本工件时,刀具的周齿及端齿需要同时参加切削,因此选择立铣刀切削,并且由于工件粗加工余量较大,考虑刀具的强度及加工效率可选择齿数为 3、直径为 $\phi 18$ 的立铣刀,刀具材料为硬质合金。本工件的生产批量较小,可以用同一把刀具完成粗、精加工。立铣刀的切削用量可以参考刀具商提供的刀具手册,也可以查阅相关的工艺手册。

铣削宽度 a_e 定为刀具直径的 40%,即 $a_e \approx 7$ mm;铣削深度定为刀具直径的 1/3,即 $a_p = 6$ mm;工件材料为 45 钢(属于中碳钢),所用刀具为硬质合金立铣刀,根据表 2-2 可查得 f_z 为 $0.05 \sim 0.20$ mm/z,粗加工时取 $f_z = 0.1$ mm/z;根据表 2-3 可查得 V_c 为 $54 \sim 115$ m/min,粗加工时取 $V_c = 60$ m/min。

将以上参数换算,结果如下:

$$n = 1000 V_c / (\pi D) = 1\,000 \times 60 / (3.14 \times 18) \approx 1\,061, \quad 取 \ n = 1\,000 \text{ r/min}$$
$$F = n \times f_z \times z = 1\,000 \times 0.1 \times 3 \text{ mm/min} = 300 \text{ mm/min}$$

由此,可以制作出如表 2-7 所示的数控加工工序单。

表 2-7 粗铣外轮廓工序单

序号	加工内容	刀具规格	$S/(\text{r/min})$	$F/(\text{mm/min})$	a_p/mm	a_e/mm
1	粗加工轮廓	$\phi 18$ 硬质合金立铣刀	1000	300	6	7

三、装夹方案

本工件的定位同样需要限制六个自由度,装夹方案参考图 2-8,保证工件上表面露出钳口 45 mm 即可。

四、走刀路线及程序编制

为编程方便,将编程坐标系原点设置在工件上表面的对称中心处,将工件原点偏置设定在 G55 寄存器下;安全平面设定在工件上表面以上 5 mm 处,侧面安全间隙设为 5 mm。

毛坯 Z 向余量较大,需分层切削。每层的切削深度初步拟定为 $a_p = 6$ mm,圆台厚度为 64 mm $-$ 46.3 mm $=$ 17.7 mm,可基本等分三层切削。第一层的实际切削深度可定为 5.7 mm,其余两层的切削深度均为 6 mm;菱形台阶厚度为 46.3 mm $-$ 24.3 mm $=$ 22 mm,可分四层切削,每层的切削深度均为 5.5 mm。

1. 粗铣圆台

图 2-38 为粗铣圆台时采用的先行切后环切的走刀路线,按照先规划环切走刀路线再由内向外规划行切走刀路线的方法,绘制出行切路径为 1→2→…→36,当刀具到达 36 号点后沿圆台切削一周再回到 36 号点完成环切。其中 1 号点即为下刀点,36 号点为抬刀点,每一层切削过程中,当刀具到达 8 号点时,相对于切削平面抬高 25 mm 之后横向平移到 9 号点再重新下刀到原切削平面继续切削。

将 Z 向每一层切削的走刀路线编程为一个子程序 O2251,子程序仿真结果如图 2-39 所示。

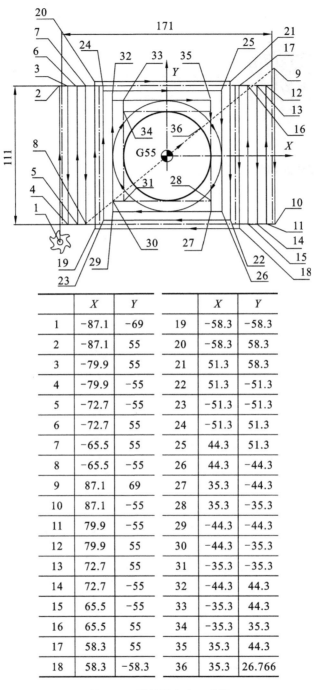

	X	Y		X	Y
1	-87.1	-69	19	-58.3	-58.3
2	-87.1	55	20	-58.3	58.3
3	-79.9	55	21	51.3	58.3
4	-79.9	-55	22	51.3	-51.3
5	-72.7	-55	23	-51.3	-51.3
6	-72.7	55	24	-51.3	51.3
7	-65.5	55	25	44.3	51.3
8	-65.5	-55	26	44.3	-44.3
9	87.1	69	27	35.3	-44.3
10	87.1	-55	28	35.3	-35.3
11	79.9	-55	29	-44.3	-44.3
12	79.9	55	30	-44.3	-35.3
13	72.7	55	31	-35.3	-35.3
14	72.7	-55	32	-44.3	44.3
15	65.5	-55	33	-35.3	44.3
16	65.5	55	34	-35.3	35.3
17	58.3	55	35	35.3	44.3
18	58.3	-58.3	36	35.3	26.766

图 2-38 粗铣圆台走刀路线

O2251

G1 G91 Z-6.

G90 Y55.

X-79.9

Y-55.

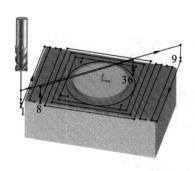

图 2-39 圆台粗切仿真图

```
X-72.7
Y55.
X-65.5
Y-55.
G91 G0 Z25.                //在 8 号点抬刀
G90 X87.1 Y69.             //横移到 9 号点
G91 Z-20.
G1 Z-5.
G90 Y-55.
X79.9
Y55.
X72.7
Y-55.
X65.5
Y55.
X58.3
Y-58.3
X-58.3
Y58.3
X51.3
Y-51.3
X-51.3
Y51.3
X44.3
Y-44.3
X35.5
Y-35.3
Y-44.3
X-44.3
Y-35.3
X-35.3
X-44.3
Y44.3
X-35.3
Y35.3
Y44.3
X35.3
Y26.766
G2 I-35.3 J-26.766         //自 36 号点开始环切圆台
G91 G0 Z25.
G90 X-87.1 Y-69.           //返回 1 号点
G91 Z-25.
M99
```

2. 粗铣菱形凸台

图 2-40 为粗铣菱形凸台时采用的先行切后环切的走刀路线,同样按照先规划环切走刀路线再由内向外规划行切走刀路线的方法,绘制行切路径为 1→2→…→37,环切路径为 37→38→……→45→37。其中 1 号点为下刀点,37 号点为抬刀点。在每一层的切削过程中分别有三处需要相对于切削平面抬高 25 mm,横向平移后再重新下刀到原切削平面继续切削,这三处抬刀横移路径分别是 9→10、18→19 和 27→28。

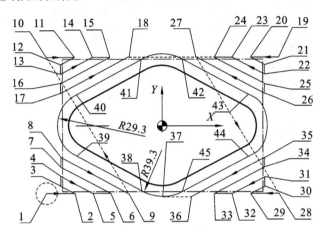

	X	Y		X	Y
1	-99	-57	23	59.471	57
2	-74.614	-57	24	44.327	57
3	-87	-50.543	25	87	34.755
4	-87	-42.649	26	87	26.861
5	-59.471	-57	27	28.674	57
6	-44.327	-57	28	99	-57
7	-87	-34.755	29	74.614	-57
8	-87	-26.861	30	87	-50.543
9	-28.574	-57	31	87	-42.649
10	-99	57	32	59.471	-57
11	-74.614	57	33	44.327	-57
12	-87	50.543	34	87	-34.755
13	-87	42.649	35	87	-26.861
14	-59.471	57	36	24.772	-59.3
15	-44.327	57	37	0	-59.3
16	-87	34.755	38	-18.166	-54.849
17	-87	26.861	39	-73.544	-25.982
18	-28.674	57	40	-73.544	25.982
19	99	57	41	-18.166	54.849
20	74.614	57	42	18.166	54.849
21	87	50.543	43	73.544	25.982
22	87	42.649	44	73.544	-25.982
			45	18.166	-54.849

图 2-40 粗铣菱形凸台时的走刀路线

将每一层的走刀路线编程为一个子程序 O2252,子程序仿真结果如图 2-41 所示。需要说明的是,为简化编程时的工作量,行切时的点位坐标输入不用太精确,因此路径 1→2→…→36 中的点位坐标精确到整数位即可。

3. 主程序

将本项目的主程序名设为 O2250,主程序仿真结果如图 2-42 所示。

O2252
G1 G91 Z-5.5
G90 X-74.
X-87. Y-50.
Y-42.
X-59. Y-57.

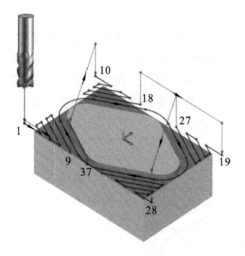

图 2-41 菱形凸台切削仿真图

X-44.
X-87. Y-34.
Y-26.
X-28. Y-57.
G0 G91 Z45.
G90 X-99. Y57.   //9→10 抬高横移
G91 Z-40.
G1 Z-5.
G90 X-74.
X-87. Y50.
Y42.
X-59. Y57.
X-44.
X-87. Y34.
Y26.
X-28. Y57.
G0 G91 Z45.
G90 X99. Y57.   //18→19 抬高横移
G91 Z-40.
G1 Z-5.
G90 X74.
X87. Y50.
Y42.
X59. Y57.
X44.
X87. Y34.
Y26.

```
X28. Y57.
G0 G91 Z45.
G90 X99. Y-57.                    //27→28 抬高横移
G91 Z-40.
G1 Z-5.
G90 X74.
X87. Y-50.
Y-42.
X59. Y-57.
X44.
X87. Y-34.
Y-26.
X24. Y-59.3
X0                                //到达 37 号点后开始环切
G2 X-18.166 Y-54.849 R39.3
G1 X-73.544 Y-25.982
G2 Y25.982 R29.3
G1 X-18.166 Y54.849
G2 X18.166 R39.3
G1 X73.544 Y25.982
G2 Y-25.982 R29.3
G1 X18.166 Y-54.849
G2 X0 Y-59.3 R39.3                //返回 37 号点
G0 G91 Z5.
G90 X-99. Y-57.                   //返回 1 号点
G91 Z-5.
M99
```

主程序

```
O2250
G0 G90 G55 X-87.1 Y-69.
S1000 M3
Z50.
Z5. M8
G1 Z0.3 F300
M98 P32251                        //粗铣圆台
G1 G90 X-99. Y-57.
Z-17.7
M98 P42252                        //粗铣菱形凸台
G0 G90 Z200.
X200. Y200. M9
M5
M30
```

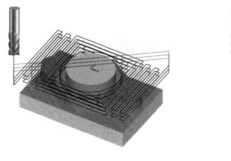
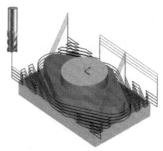

(a) 粗铣圆台　　　　　　　　　　(b) 粗铣菱形凸台

图 2-42　外轮廓粗铣仿真

思考与练习

1. 如图 2-43 所示，试编写用 ϕ12 立铣刀精铣凸台侧面的数控程序，毛坯是上、下表面和四周侧面都已加工完毕的 90×60×25 的方坯。要求：

（1）合理绘制走刀路线并标注出走刀路线中各转折点的点位坐标，包括 Z 向下刀及抬刀、XY 平面进退刀与切削路线；

（2）编写数控程序；

（3）用 CIMCO Edit 软件对数控程序仿真。

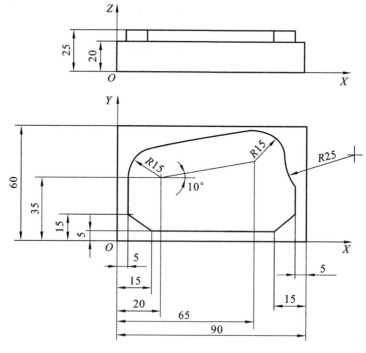

图 2-43　零件 1

2. 加工如图 2-44 所示的零件,材料为 LY12。毛坯是尺寸为 115×95×25 的半成品。现只要加工四个形状一样的凸台,凸台高度为 5,试编写该零件的数控加工程序。要求：

(1) 合理选择刀具及切削用量；
(2) 确定工件的装夹方案；
(3) 填写工序单；
(4) 合理绘制走刀路线并标注走刀路线中各转折点的点位坐标,包括 Z 向下刀及抬刀、XY 平面进退刀与切削路线；
(5) 编写数控程序,需要使用子程序功能；
(6) 用 CIMCO Edit 软件对数控程序仿真。

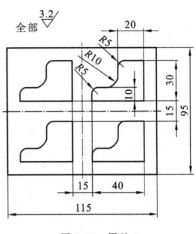

图 2-44 零件 2

项目 2.3 型腔铣削工艺与编程

2.3.1 项目描述

如图 2-45 所示,毛坯材料为 LY12,毛坯尺寸为 142×68×20,毛坯的六个表面均已加工,现需加工零件上的 A、B、C 三处型腔。

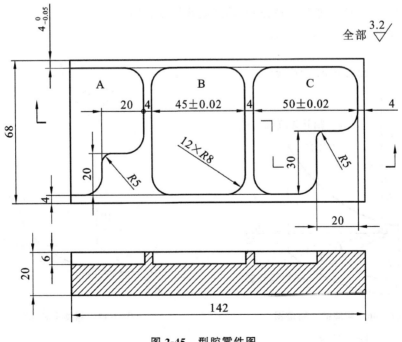

图 2-45 型腔零件图

2.3.2 编程基础

一、螺旋插补

数控铣削时,螺旋线是由刀具做圆弧插补运动的同时做轴向运动形成的。其编程格式与圆弧插补的格式相似,只是多了一个垂直于插补平面的第三轴的坐标值,这样在进行圆弧进给的同时还进行第三轴方向的进给,其合成轨迹就是一条空间螺旋线。

1. 指令格式

① 沿 Z 轴方向做螺旋插补。

$$G17 \begin{Bmatrix} G02 \\ G03 \end{Bmatrix} X\_Y\_Z\_ \begin{Bmatrix} R\_ \\ I\_J\_ \end{Bmatrix} F\_ （G17可省略）$$

② 沿 Y 轴方向做螺旋插补。

$$G18 \begin{Bmatrix} G02 \\ G03 \end{Bmatrix} X\_Z\_Y\_ \begin{Bmatrix} R\_ \\ I\_K\_ \end{Bmatrix} F\_$$

③ 沿 X 轴方向做螺旋插补。

$$G19 \begin{Bmatrix} G02 \\ G03 \end{Bmatrix} Y\_Z\_X\_ \begin{Bmatrix} R\_ \\ J\_K\_ \end{Bmatrix} F\_$$

指令格式中,G02、G03 为螺旋线的旋向,其定义与圆弧插补时的定义相同;X、Y、Z 为螺旋线的终点坐标;I、J、K 为圆弧圆心在相应平面上相对于螺旋线起点的坐标;R 为螺旋线在相应平面上的投影半径。螺旋插补轨迹图如图 2-46 所示。

编写如图 2-47 所示螺旋直径为 60 的螺旋线插补程序:

G91 G03 X-30. Y30. R30. Z10. F100

或

G90 G03 X0 Y30. R30. Z10. F100

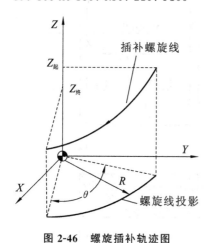

图 2-46 螺旋插补轨迹图　　图 2-47 螺旋插补示例 1

2. 第三轴坐标值计算

在进行螺旋插补时,第三轴的坐标指令值的大小与螺旋线的导程有关,下面以沿 Z 轴做螺旋插补为例进行介绍。

如图 2-46 所示,当做非整圆插补时,

$$|Z_{终}-Z_{起}|=\frac{\theta}{360}L \tag{2-4}$$

式中:θ 为螺旋线在 XY 平面内投影圆弧的圆心角,L 为螺旋线的导程。

3. 螺旋插补子程序

当需要在第三轴方向做多个螺距的螺旋线加工时,可以将其中一个螺距的螺旋线插补过程采用增量编程的方法编为一个子程序。

例 2-6 加工如图 2-48 所示螺旋线,螺旋线的起点为 A 点,终点为 C 点,螺旋半径为 $R30$,螺距 $P=20$ mm。编程时可以将该螺旋线分成两段螺旋线加工,其中 AB 段是 1/4 螺距螺旋插补,BC 段是三个整螺距螺旋插补。主程序为 O2310,整螺距螺旋插补子程序为 O2311。

O2310//主程序
……
G0 X0 Y-30.Z0//定位到 A 点
G3 X30.Y0 R30.Z-5.//螺旋铣 A→B
M98 P32311//螺旋铣 B→C
……

O2311//子程序,整螺距螺旋插补
G91 G3 I-30.Z-20.F100
G90
M99

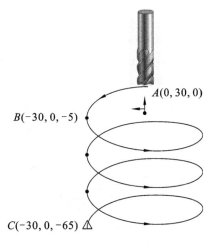

图 2-48 螺旋插补示例 2

二、刀具半径补偿

数控铣削时,数控系统通过控制主轴端面中心的点位坐标值来控制刀具的运动轨迹。

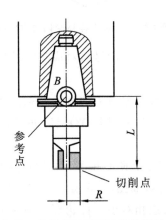

图 2-49 参考点与切削点的位置关系

在采用立铣刀切削轮廓的过程中,实际起切削作用的是靠近刀具端面处的刀具外圆上的切削点。由于刀具总有一定的长度和半径,主轴端面中心点的运动轨迹并不等于所需加工零件的实际轮廓。而在数控编程时,为简化编程,一般按零件的实际轮廓来编写数控程序。此时,需要在主轴端面中心点(参考点)和刀具外圆上的切削点之间建立如图 2-49 所示的点位尺寸换算关系,所用的数控系统功能即为刀具半径补偿功能和刀具长度补偿功能。本节介绍的是刀具半径补偿功能,刀具长度补偿功能将在后面介绍。

1. 刀具半径补偿的基本概念

在进行零件轮廓加工时,使刀具中心轨迹相对于零件轮廓在法线方向上偏离一个刀具半径补偿值的距离,即所谓的刀具偏置或刀具半径补偿。图 2-50 所示为编程轨迹与工件轮廓重合时,是否使用刀具半径补偿的切削结果。当使用刀具半径补偿功能时,只需规划编程路线而不必过多地考虑实际的走刀路线,可极大地减少编程工作量。

2. 刀具半径补偿编程

编程格式:

$$G01/G00 \begin{Bmatrix} G41 \\ G42 \end{Bmatrix} X\_ Y\_ D\_ \quad 建立刀具半径补偿$$

$$G01/G00 \ G40 \ X\_ \ Y\_ \quad 取消刀具半径补偿$$

(1) G41、G42 分别代表刀具半径左补偿和刀具半径右补偿,前者简称左补,后者简称右补。左补和右补的判别方法:如图 2-51 所示,当刀具处于补偿状态时,沿着刀具相对于工件前进的方向向前看,若刀具始终位于工件切削轮廓的左侧,称为左补;若刀具始终位于工件切削轮廓的右侧,则称为右补。通常顺铣时采用左补,逆铣时采用右补。

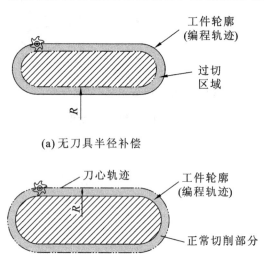

图 2-50 刀具半径补偿功能

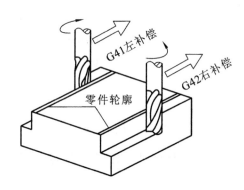

图 2-51 刀具半径补偿偏置方向的判别

(2) D_是用于存放刀具半径补偿值的存储地址(简称半径补偿号),对应半径补偿值大小可以(D_)来表示。

① 半径补偿号与刀具刀号可以相同,也可以不同。假设 2 号铣刀的直径为 φ12,若实际半径为 5.96 mm,其半径补偿号可设为 D2,对应的补偿值为 5.96,即(D2)=5.96,如图 2-52 所示。

② (D_)可以等于刀具的实际半径,也可以与刀具的实际半径不相等,而且(D_)既可以设为正值,也可以设为负值,当设为负值时,左、右补偿互换,如图 2-53 所示。在使用 UG、PRO/E 等 CAM 软件对工件轮廓精铣编程时,由于程序轨迹相对于工件轮廓已预先偏离一个理论刀具半径,因此(D_)通常设为 0 或负值。

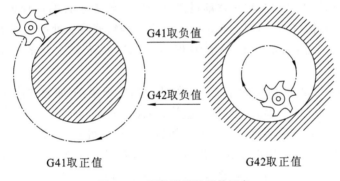

图 2-52 刀具半径补偿界面

图 2-53 刀具半径补偿的正负

③ 同一把刀具可以设置多个半径补偿号,以用于不同的加工阶段。

(3) G41、G42 为模态指令,可以在程序中保持连续有效。刀具半径补偿的取消用 G40 或 D00 来执行。

3. 刀具半径补偿过程

刀具半径补偿的过程共分为三个阶段,即刀具半径补偿的建立、刀具半径补偿的进行和刀具半径补偿的取消,如图 2-54 所示,此时假定刀具半径补偿值与刀具的实际半径相等。

1) 刀具半径补偿的建立($M \rightarrow S$)

刀具半径补偿的建立指刀具从起点 M 接近工件时,刀具中心从与编程轨迹重合逐渐过渡到与编程轨迹偏离一个刀具半径补偿值($D\_$)的过程。在刀具半径补偿建立后,刀心将位于下一段编程轨迹在起点处的法线上。如图 2-54 中 $M \rightarrow S$ 为刀具半径补偿建立时的编程轨迹,$M \rightarrow S'$ 为实际的刀心轨迹,$SS' \perp SA$ 且 $|SS'| = (D\_)$。

2) 刀具半径补偿的进行($S \rightarrow E$)

在 G41 或 G42 程序段后,程序进入补偿模式,此时除转接点之外刀具中心相对于编程轨迹始终偏置一个刀具半径补偿值($D\_$),直到刀具半径补偿取消。如图 2-54 中 $S \rightarrow A \rightarrow B$

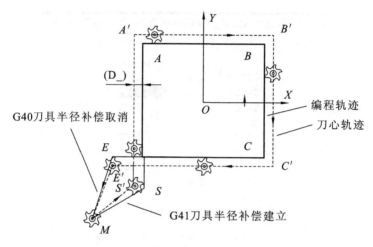

图 2-54 刀具半径补偿的三个阶段

→C→E 为刀具半径补偿进行时的编程轨迹,$S'→A'→B'→C'→E'$ 为实际的刀心轨迹。

3) 刀具半径补偿取消(E→M)

刀具离开工件后,刀具中心轨迹逐渐过渡到与编程轨迹重合的过程称为刀具半径补偿取消。在刀具半径补偿取消前,刀心将位于上一段编程轨迹终点处的法线上。如图 2-54 中 E→M 为刀具半径补偿取消过程中的编程轨迹,$E'→M$ 为实际的刀心移动轨迹,且 $EE'⊥CE$。

例 2-7 编写如图 2-55 所示的厚度为 4 的凸台精铣程序,毛坯轮廓尺寸为 70×60×20。

将编程原点设在工件上表面的对称中心处;为保证安全,在 XY 平面内将下刀点设在 1 号点(−46,−20)处,安全平面设为工件上表面以上 5 mm 处;刀具直径暂定为 φ10 至 φ16,刀具半径补偿号设为 D2;采用沿轮廓延长线切入、圆弧切出的进刀和退刀路线。由于使用了半径补偿功能,此时只需规划编程路线即可,如图 2-56 所示。程序号设为 O2320,程序仿真结果如图 2-57 所示。

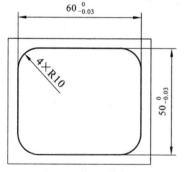

图 2-55 凸台零件图

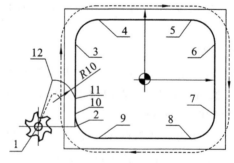

	X	Y
1	−46	−20
2	−30	−20
3	−30	15
4	−20	25
5	20	25
6	30	15
7	30	−15
8	20	−25
9	−20	−25
10	−30	−15
11	−30	−10
12	−40	0

图 2-56 编程路线及点位坐标

```
O2320
G54 G90 G0 X-46. Y-20.        //定位到1号点
S1000 M03
Z50. M8
```

```
Z5.                          //到达安全平面
G1 Z-4. F200                 //到达切削平面
G41 X-30. D02                //1→2 建立刀补
Y15.
G02 X-20. Y25. R10.
G01 X20.
G02 X30. Y15. R10.
G01 Y-15.
G02 X20. Y-25. R10.
G01 X-20.
G02 X-30. Y-15. R10.
G1 Y-10.
G03 X-40. Y0 R10.            //11→12 圆弧切出
G40 G01 X-46. Y-20.          //12→1 取消刀补
G0 Z100.                     //抬刀
M9
M5
M30
```

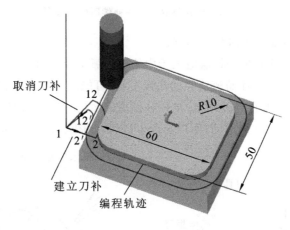

图 2-57 仿真图

4. 刀具半径补偿注意事项

在使用刀具半径补偿过程中要注意以下几个方面的问题。

（1）在建立或取消刀具半径补偿过程中刀具只能而且必须做直线移动。

如：

```
G0 X100. Y50.
G41 D11 F300       //刀具没有移动,半径补偿尚未建立
X120.              //刀具做直线移动,半径补偿建立
G40                //刀具没有移动,半径补偿尚未取消
X130.              //刀具做直线移动,半径补偿取消
```

另外，G41 或 G42 不能与 G2、G3 出现在同一个程序段中，否则机床会报警。如：

```
G0 X100. Y50.
```

```
G41 G2 X120. R30. D11 F300        //执行本段时,不会建立刀具半径补偿,会报警
```

(2) 为防止过切,在建立与取消刀具半径补偿时常需增加一段过渡段刀具路径,以保证刀具在切入工件前已经建立刀具半径补偿,切出工件后才取消刀具半径补偿,如图 2-58 中的 A。实际应用中,有时可以在切削完成后,抬刀到足够的安全高度后再取消刀具半径补偿。

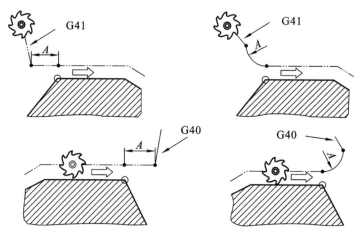

图 2-58 建立与取消半径补偿时的过渡段

(3) 切削过程中可能产生过切的情况。

① 内轮廓加工,当铣刀半径补偿值大于内轮廓圆弧半径时,机床会报警,刀位点将停止在圆弧插补之前的上一段程序轨迹终点的法线上,并可能产生过切,如图 2-59(a)所示。

② 凹槽宽度小于铣刀直径补偿值(半径补偿值的 2 倍)时,因为刀具半径补偿使刀具中心运动轨迹向编程路径反方向运动,所以会产生过切,如图 2-59(b)所示。

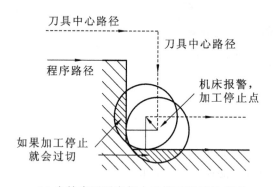
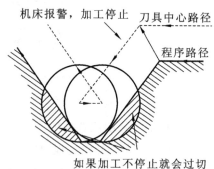

(a) 内轮廓圆弧半径小于铣刀半径补偿值　　(b) 槽底宽度小于铣刀直径补偿值

图 2-59 刀补进行过程中的过切现象

③ 在刀具补偿模式下,一般不允许存在连续两段以上的非补偿平面内移动指令,否则刀具也可能会出现过切。非补偿平面移动指令通常指的是只有 G、M、S、F、T 代码的程序段,如 G90、M05 等;程序暂停程序段,如 G04 X10.0 等;G17(G18、G19)平面内的 Z(Y、X)轴移动指令等。

5. 刀具半径补偿的应用

(1) 在编程时不必过多考虑实际刀具尺寸的大小,直接按零件轮廓尺寸编程。这样刀具因磨损、重磨及换新刀而引起半径变化后,不必修改程序,只需修改刀补参数值即可。两把直径相差较大的刀具可以共用同一段程序,如图 2-60 所示。

(2) 同一把刀具,利用刀具半径补偿功能,几乎不必修改程序就可以完成工件的粗加工、半精加工及精加工。

如图 2-61 所示,设刀具的实际半径为 r,精加工余量为 Δ。粗加工时,输入刀具半径补偿值($r+\Delta$);精加工时,输入刀具半径补偿值 r,即可用同一个程序完成粗、精加工。

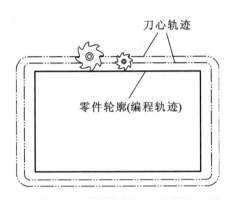
图 2-60 不同直径刀具共用同一段程序

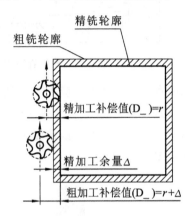
图 2-61 同一把刀具完成粗、精加工

在例 2-7 中,假设用 $\phi12$ 的铣刀粗、精铣轮廓,半径补偿号为 D2,铣刀的实际直径为 $\phi11.96$,轮廓侧边精铣余量为 0.2,则在粗加工时可以使用半径补偿,并令(D2)=6.18,精加工时令(D2)=5.98,粗、精加工都可使用程序 O2320 来完成。

2.3.3 工艺基础

型腔的铣削方法与外轮廓的铣削方法类似,通常也是粗加工去除型腔内部多余的材料,再对型腔侧面及底面精铣。另外,型腔铣削在刀具的选择、切削用量的选择及装夹方法等方面几乎与外轮廓铣削的一致。

一、封闭型腔粗加工走刀路线

1) 刀具 Z 向切入封闭型腔的方法

对于开放的型腔,切入、切出工件的路线与外轮廓的类似。当需要加工的型腔四周封闭时,由于大多数普通立铣刀都不具备沿轴向做较大的切深进给的能力,通常刀具 Z 向到达切削平面的方法主要有预钻孔下刀、螺旋下刀及斜线下刀等三种。

① 预钻孔下刀 粗铣型腔时先在实体材料上钻出比铣刀直径大的孔,铣刀沿着预钻孔下刀,到达切削平面后,再开始铣削型腔,如图 2-62 所示。这种方法编程简单,加工效率较高,但需要增加钻削刀具,当产品批量较小时一般不采用这种方法。

② 螺旋下刀 刀具从腔槽上方以螺旋铣削的方式通过刀具的侧刃和底刃的切削,避

开刀具中心无切削刃部分与工件的干涉,使刀具沿 Z 向到达切削平面,如图 2-63 所示。螺旋下刀方式是现代数控加工中应用较为广泛的下刀方式,特别是在模具制造行业中较为常见。

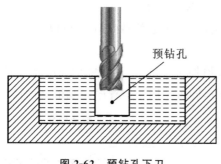

图 2-62 预钻孔下刀

图 2-63 螺旋下刀

螺旋直径一般情况下应大于刀具直径的 50%,但不超过刀具直径的 2 倍,螺旋直径越大,进刀的切削路程就越长。螺距的大小要根据刀具的吃深能力而定,一般在 0.5~1 mm 之间,螺距越小,对应的螺旋角度越小,则刀具切入工件越平缓。一般立铣刀的螺旋下刀参数可参考图 2-64 选择。

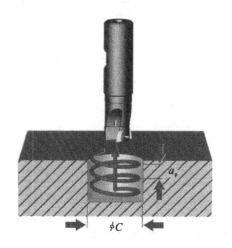

刀具直径	C_{min}	$a_{p,min}$	C_{max}	$a_{p,max}$
12	—	—	—	—
16	23	1.1	30	3.8
18	27	1.1	34	3.8
20	31	1.1	38	3.6
25	41	1.1	48	2.9
32	55	1.1	62	2.6
40	71	1.0	78	2.5
50	91	1.0	98	2.5

图 2-64 立铣刀螺旋下刀参数

③ 斜线下刀 也称坡走铣下刀,刀具快速到达加工表面上方一段距离后,改为与工件表面成一角度的方向,以斜线的方式切入工件来达到 Z 向进刀的目的。斜线下刀作为螺旋下刀方式的一种补充,通常用于因范围的限制而无法实现螺旋下刀时的长条形的型腔加工。切入斜线的长度要视型腔空间大小及铣削深度来确定,一般是斜线愈长,进刀的切削路程就越长;切入角度选取得太小,斜线数增多,切削路程加长,而角度太大,又会产生不好的端刃切削的情况。一般立铣刀的斜线下刀参数可参考图 2-65 选择。

2) 型腔区域同一切削平面内的切削路线

刀具到达切削平面后,加工型腔区域同一切削平面内的切削路线常用的有三种,即行切法、环切法和先行切后环切法。

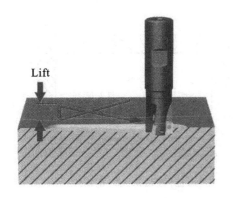

刀具直径 /mm	最大倾斜角度	抬升距离 /mm
12	3°	0.2
16	4°	0.3
18	5°	0.6
20	4°	0.6
25	2.7°	0.7
32	1.9°	0.7
40	1.5°	0.8
50	1.0°	0.8

图 2-65 立铣刀双向斜线下刀参数

① 行切法 如图 2-66(a)所示,刀具按"Z"形刀路走刀,加工效率高。但在相邻两行走刀路线的起点和终点间会留下凹凸不平的残留,从而造成精加工余量不均,残留高度与刀具直径及行间距有关。

② 环切法 按此种走刀路线粗加工后所留的精加工余量均匀,但刀路较长,不利于提高切削效率,如图 2-66(b)所示。

③ 先行切后环切法 如图 2-66(c)所示,先用行切法粗加工,然后环切一周半精加工。此种走刀路线集中了两者的优点,既有利于提高粗加工效率,又有利于保证精加工余量均匀,从而有利于保证精铣时的加工质量。在规划这种走刀路线时,通常按照先确定环切路线后确定行切路线的顺序来规划。

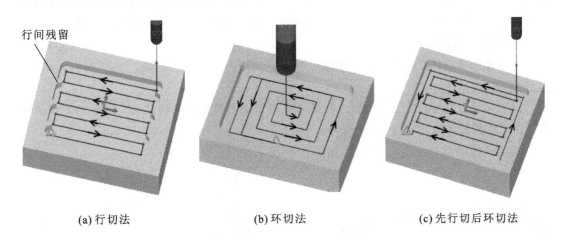

(a) 行切法　　(b) 环切法　　(c) 先行切后环切法

图 2-66 型腔区域加工常用的切削路线

环切法或先行切后环切法是精铣型腔底面时常用的走刀路线。

二、精铣型腔侧壁轮廓的进退刀路线

精铣型腔侧壁轮廓的进退刀路线与精铣外轮廓相似,铣刀可沿轮廓的延长线或沿与零件轮廓曲线相切的切线切入、切出,以保证精加工质量,如图 2-67(a)所示。但大多数情况下,刀具无法沿轮廓的延长线或沿与零件轮廓曲线相切的切线切入、切出。此时,须采用圆弧切入、切出的进退刀路线,如图 2-67(b)所示。

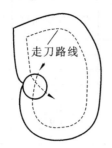
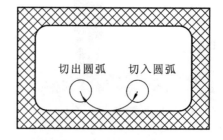

(a)沿轮廓的延长线切入、切出　　　　(b)圆弧切入、切出

图 2-67　精铣型腔侧壁轮廓时的进退刀路线

当采用圆弧切入、切出的进退刀路线时,需要注意以下两个方面。

1. 圆弧半径

切入、切出圆弧通常取 1/4 的过渡圆弧,并且其半径必须大于刀具半径补偿值(D_)。

2. 引导线

一般须在圆弧切入前和圆弧切出后各添加一条直线段,以使刀具在此直线段的移动过程中正确建立和取消刀具半径补偿。通常此直线段是圆弧的切线或法线,并且当此直线段为圆弧的法线时,该线段的长度必须大于半径补偿值(D_)。

例 2-8　精加工如图 2-68 所示深度为 5 mm 的内腔,选用直径 $\phi 10$ 的铣刀,需要采用圆弧切入、切出的进退刀路线。将切入点、切出点之间设有 4 mm 的重叠量,即 $BC=4$ mm,令刀具的半径补偿(D3)=5,此时 $4 \times R5$ 圆弧由刀具直径直接保证,不必做圆弧插补。

1) 确定过渡圆弧

设过渡圆弧 AB、CD 均为 1/4 圆弧,其半径均须大于 5,设其为 $R8$。

2) 确定引导线

设引导线 SA 与 DE 分别为切入圆弧 AB 和切出圆弧 CD 的法线,点 S、E 分别位于圆弧 AB、CD 的圆心处,引导线长度均为 8 mm。

该精铣程序为 O2340,仿真结果如图 2-69 所示。

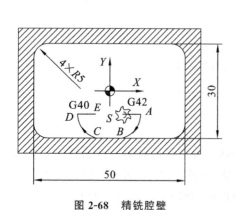

图 2-68　精铣腔壁　　　　　　　图 2-69　仿真图

```
O2340
G0 G90 G54 X2. Y-7.            //XY平面内到达S点
S500 M3
Z50.
Z5.
G1 Z0 F300
Z-5.
G91 X8. D3                     //S→A建立刀补
G2 X-8. Y-8. R8. F100          //A→B圆弧切入
G90 G1 X-25. F300
Y15.
X25.
Y-15.
X-2.
G91 G2 X-8. Y8. R8.            //C→D圆弧切出
G1 G40 X8.                     //D→E取消刀补
G90 Z5.
G0 Z200.
M5
M30
```

三、加工型腔拐角的方法

进行型腔拐角加工通常会面临一系列问题,尤其是在高速铣削时,这一问题更加突出。如由于拐角半径过小而限制了刀具半径,由于拐角处的进给速度、方向及切削宽度变化而造成了加工表面质量较差、过切或欠切等。此时,需要对拐角处进行粗加工、半精加工和精加工。

1. 型腔拐角粗加工

为提高切削效率,粗铣时采用大直径铣刀可获得高的金属去除率,但在切削拐角时通常会由于切削宽度的增加以及刀具外缘与工件间包络面积的增加引起切削力突然增大,从而造成刀具抖动及切削温度的升高,最终影响加工质量及刀具的使用寿命,如图2-70所示。此时,需要在拐角处降低进给速度或使刀具在拐角处做圆弧插补,如图2-71所示。

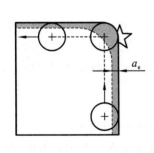

图2-70 内腔拐角处切削量的变化　　图2-71 拐角处减速进给

2. 型腔拐角半精加工

当型腔拐角处的夹角较小(如锐角)或粗精加工时的刀具半径相差过大时,会使得拐角处的精加工余量过大,此时需增加半精加工的工步,通常采用插铣的方法,如图 2-72 所示。也可以在粗加工之前,在拐角处钻孔,以去除余量。当使用 CAM 软件编程时,可以使用软件提供的摆线铣功能切除拐角余量。

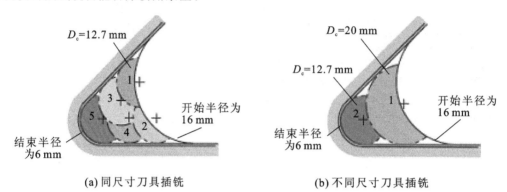

图 2-72 插铣去拐角余量

3. 型腔拐角精加工

在精加工时,需要采用小直径刀具以圆弧插补的方式切削拐角处的过渡圆角,刀具的半径通常不超过拐角半径的 0.9 倍。这种加工方法通过刀具的运动产生了光滑和连续的过渡表面,产生振动的可能性大大降低了。

2.3.4 项目实施

一、工艺路线

本项目需要对如图 2-45 所示的工件型腔进行加工,型腔各表面的粗糙度要求为 $Ra3.2$,须对型腔进行精铣。按照先粗后精的原则安排加工顺序,工艺路线为:粗铣 A、B、C 型腔→精铣 A、B、C 型腔底面及侧面,粗铣时底面及侧面各留 1 mm 精铣余量。

二、刀具及切削用量的选择

加工本工件时,刀具的周齿及端齿均需同时参加切削,因此需选择立铣刀,并且各型腔的凹半径均为 $R8$。因此,粗、精加工时可选择齿数为 3、直径为 $\phi 16$ 的立铣刀,刀具材料为硬质合金。

本工件的毛坯材料为铝合金,比 45 钢更易切削,因此可选择更大的切削用量。粗铣时铣削宽度 a_e 定为刀具直径的 60%,为 9~10 mm,铣削深度约为刀具直径的 1/3,即 $a_p \approx$ 5 mm;根据表 2-2 可查得 f_z 为 0.08~0.30 mm/z,取 $f_z = 0.1$ mm/z;根据表 2-3 可查得 V_c 为 360~600 m/min,取 $V_c = 400$ m/min。

将以上参数换算,可得:
$$n = 1\,000 V_c / (\pi D) = 1\,000 \times 400 / (3.14 \times 16) \text{ r/min} \approx 7\,962 \text{ r/min}$$

受学校数控实训时所使用的机床参数的限制,以及出于对学生人身安全的考虑,将上述转速大幅降低,取 $n = 3\,000$ r/min。

此时,$F = n \times f_z \times z = 3\,000 \times 0.1 \times 3$ mm/min $= 900$ mm/min。

由此,可以制作出如表 2-8 所示的数控加工工序单。

表 2-8　型腔铣削工序单

序号	加 工 内 容	刀具规格	S/(r/min)	F/(mm/min)	a_p/mm	a_e/mm
1	按 A→B→C 顺序粗铣型腔	φ16 硬质合金立铣刀	3 000	900	5	9～10
2	按 A→B→C 顺序精铣型腔底面、轮廓	同上	3 000	900	1	

三、装夹方案

本工件的定位需要限制六个自由度,为避免干涉需从侧面夹紧,所采用的夹具为平口虎钳,保证工件上表面露出钳口 5 mm 即可。

四、走刀路线及程序编制

为编程方便,将 Z 向编程坐标系原点设置在工件的上表面,将 XY 平面内的编程原点设置在工件的右下角点处,将工件原点偏置设定在 G54 寄存器下,初始平面设定在工件上表面以上 50 mm 处,安全平面设定在工件上表面以上 5 mm 处。

本工件的型腔粗铣拟采用先行切后环切的走刀路线,粗铣环切时为简化编程拟使用半径补偿功能,因此粗铣环切的编程路线可与精铣各型腔周边轮廓路线重合。因此,可先规划精铣型腔轮廓的编程轨迹。

1. 精铣型腔周边轮廓

精铣各型腔周边轮廓的编程路线如图 2-73 所示,A、B、C 腔对应的精加工子程序分别设为 O2361、O2362 和 O2363。对应的仿真结果如图 2-74 所示。

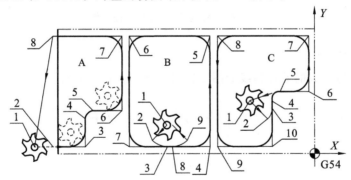

A腔点位数据			B腔点位数据			C腔点位数据		
	X	Y		X	Y		X	Y
1	-155	4	1	-85	18	1	-39	18
2	-145	4	2	-85	13	2	-39	13
3	-127	4	3	-94	13	3	-45	13
4	-127	19	4	-94	55	4	-45	55
5	-122	24	5	-85	55	5	-39	55
6	-107	24	6	-76	13	6	-33	13
7	-107	64	7	-76	55	7	-33	55
8	-145	64	8	-67	55	8	-23	55
			9	-67	13	9	-23	43
						10	-13	55

图 2-73　型腔精铣编程路线

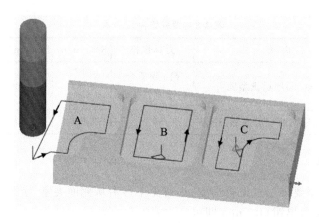

图 2-74　精铣侧面仿真图

1）精铣 A 腔侧面

精铣 A 腔周边轮廓的编程路线如图 2-73 中 1→2→…→8→1，对应的子程序如下。

```
O2361
G90G41X-145.              //1号点→2号点建立刀具半径补偿
X-127.
Y19.
G2X-122.Y24.R5.
G1X-107.
Y64.
X-145.
G40X-155.Y4.              //返回1号点，取消刀具半径补偿
M99
```

2）精铣 B 腔侧面

精铣 B 腔周边轮廓的编程路线如图 2-73 中 1→2→…→10→1，对应的子程序如下。

```
O2362
G41X-90.49Y7.51           //1号点→2号点建立刀具半径补偿
G3X-82.Y4.R12.
G1X-58.
Y64.
X-103.
Y4.
X-79.
G3X-70.51Y7.51R12.
G1G40X-79.Y16.            //返回1号点，取消刀具半径补偿
M99
```

3）精铣 C 腔侧面

精铣 C 腔周边轮廓的编程路线如图 2-73 中 1→2→…→11→1，对应的子程序如下。

```
O2363
G41G90X-26.15Y19.15       //1号点→2号点建立刀具半径补偿
```

```
G3X-24.Y26.R12.
G1Y29.
G2X-19.Y34.R5.
G1X-4.
Y64.
X-54.
Y4.
X-24.
Y31.
G40X-36.Y29.              //返回1号点,取消刀具半径补偿
M99
```

2. 粗铣型腔

粗铣各型腔时采用先行切后环切的走刀路线。粗铣行切时的走刀路线如图 2-75 所示。环切时使用刀具半径补偿功能,此时只规划其编程路径即可,编程路径可与各型腔周边轮廓精铣时的编程路径重合,如图 2-73 所示。将粗铣 A、B、C 腔的子程序分别设为 O2351、O2352 和 O2353。另外,由于型腔 B 和 C 是封闭的,采用 Z 向螺旋下刀的方式下刀,下刀子程序为 O2355。

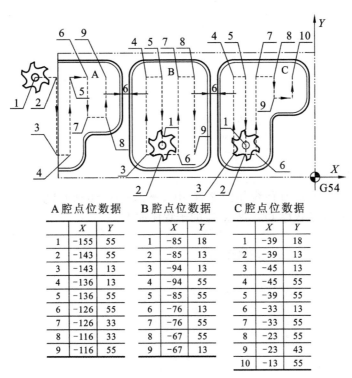

A腔点位数据			B腔点位数据			C腔点位数据		
	X	Y		X	Y		X	Y
1	-155	55	1	-85	18	1	-39	18
2	-143	55	2	-85	13	2	-39	13
3	-143	13	3	-94	13	3	-45	13
4	-136	13	4	-94	55	4	-45	55
5	-136	55	5	-85	55	5	-39	55
6	-126	55	6	-76	13	6	-33	13
7	-126	33	7	-76	55	7	-33	55
8	-116	33	8	-67	55	8	-23	55
9	-116	55	9	-67	13	9	-23	43
						10	-13	55

图 2-75 型腔粗铣行切走刀路线

1) 螺旋下刀

根据图 2-64 可知 $\phi16$ 的立铣刀螺旋下刀的孔径 ϕC 为 $\phi23 \sim \phi30$,螺距 a_p 为 1.1~3.8,取 $\phi C=26$、$a_p=1.5$,对应的螺旋线直径为 $\phi10$。则 B、C 腔螺旋下刀的子程序如下。

O2355
G91X5.
G3I-5.Z-1.5
G91G1X-5.
G90
M99

2）粗铣 A 腔侧面

粗铣 A 腔行切时的走刀路线如图 2-75 中 1→2→…→8→9，环切时需调用子程序 O2361。

对应的子程序为：

O2351
G91Z-5.
G90X-143.
Y13.
X-136.
Y55.
X-126.
Y33.
X-116.
Y55.
G0G91Z10.
G90X-155.Y4.
G91Z-5.
G1Z-5.
M98P2361   //环切 A 腔
X-155.Y55.
M99

3）粗铣 B 腔侧面

粗铣 B 腔行切时的走刀路线如图 2-75 中 1→2→…→8→9，螺旋下刀需调用子程序 O2355，环切时需调用子程序 O2362，对应的子程序如下。

O2352
M98P42355   //螺旋下刀
G90Y13.
X-94.
Y55.
X-85.
Y13.
X-76.
Y55.
X-67.
Y13.
X-82.Y16.
M98P2362   //环切 B 腔
X-85.Y18.

M99

4）粗铣 C 腔侧面

粗铣 C 腔行切时的走刀路线如图 2-75 中 1→2→…→9→10，螺旋下刀需调用子程序 O2355，环切时需调用子程序 O2363，对应的子程序如下。

O2353
M98P42355   //螺旋下刀
G90Y13.
X-45.
Y55.
X-39.
Y13.
X-33.
Y55.
X-23.
Y43.
X-13.
Y55.
G0G91Z25.
G90X-36.Y29.
G91Z-20.
G1Z-5.
M98P2363   //环切 C 腔
X-39.Y18.
M99

3．精铣型腔底面及侧面

精铣型腔底面时的走刀路线通常选用环切法或先行切后环切法。本工件精铣各型腔底面时的走刀路线与粗铣各型腔时的走刀路线重合，只需在程序中重新调用 O2351、O2352 和 O2353 即可。

另外，由于在 O2351、O2352 和 O2353 程序中调用了轮廓侧壁精铣子程序 O2361、O2362 和 O2363，因此在精铣型腔底面的同时也可完成轮廓侧壁的精铣。

需要注意的是粗铣环切时与精铣环切时的刀具半径补偿值是不一样的，可将粗铣环切时的补偿号设为 D1、精切时的补偿号设为 D2，则有（D1）＝（D2）＋1。

4．主程序

表 2-9 中列出了各型腔走刀路线（或编程路径）及对应的子程序。

表 2-9 A、B、C 型腔走刀路线（或编程路径）及子程序

	加工内容	路线	子程序
A 腔	粗铣及精铣底面	行切：图 2-75 A 腔 1→2→…→9 环切：图 2-73 A 腔轮廓精切	O2351
	精铣轮廓	图 2-73：1→2→…→8→1	O2361

续表

	加工内容	路线	子程序
B腔	粗铣及精铣底面	行切:图 2-75 B腔 1→2→…→9 环切:图 2-73 B腔轮廓精切	O2352
	精铣轮廓	图 2-73:1→2→…→10→1	O2362
C腔	粗铣及精铣底面	行切:图 2-75 C腔 1→2→…→10 环切:图 2-73 C腔轮廓精切	O2353
	精铣轮廓	图 2-73:1→2→…→11→1	O2363

先对上述 A、B、C 型腔粗铣行切、粗铣环切,再对各型腔底面精切、轮廓精切。在主程序中各走刀路线(或编程路径)对应子程序的顺序为:A 腔"行切+环切"(O2351)→B 腔"行切+环切"(O2352)→C 腔"行切+环切"(O2353)→A 腔底面及轮廓精切(O2351)→B 腔底面及轮廓精切(O2352)→C 腔底面及轮廓精切(O2353)。将主程序命名为 O2350,仿真结果如图 2-76 所示。

```
O2350
G0G90G54X-155.Y55.
S3000M3
M8
Z50.
Z5.
G1Z0F900
D1                    //粗加工半径补偿
M98P2351              //粗切 A 腔
G0Z5.
X-85.Y18.
G1Z1.
M98P2352              //粗切 B 腔
G0Z5.
X-39.Y18.
G1Z1.
M98P2353              //粗切 C 腔
G0Z5.
X-155.Y55.
G1Z-1.
D2                    //精加工半径补偿
M98P2351              //精切 A 腔
G0Z5.
X-85.Y18.
G1Z0
M98P2352              //精切 B 腔
G0Z5.
```

```
X-39.Y18.
G1Z0
M98P2353//                    //精切C腔
G0Z200.M9
G28G91X0Y0
G90M5
M30
```

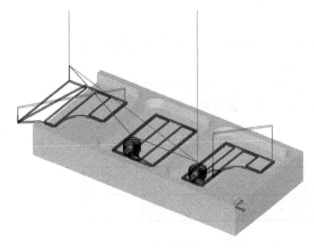

图 2-76　仿真图

思考与练习

1. 如图 2-77 所示,用 $\phi 10$ 立铣刀精铣凸台侧面,毛坯是上、下表面和四周侧面都加工完毕的 $48\times 48\times 40$ 的方坯。要求:

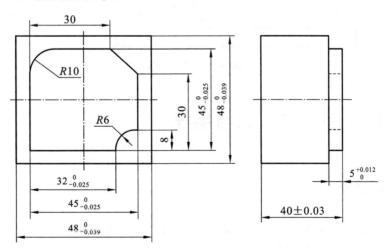

图 2-77　凸台零件

（1）合理绘制编程路线并标注出编程路线中各转折点的点位坐标,包括 Z 向下刀及抬刀、XY平面进退刀与切削路线；

（2）编写数控程序；

（3）用CIMCO Edit软件对数控程序仿真。

2. 编写如图2-78所示的凹槽粗、精加工程序。毛坯为100×80×30的方坯，毛坯材料为LY12。要求：

（1）合理选择刀具及切削用量；

（2）确定工件的装夹方案；

（3）填写工序单；

（4）合理绘制走刀路线并标注出走刀路线中各转折点的点位坐标，包括Z向下刀及抬刀、XY平面进退刀与切削路线；

（5）编写数控程序，需要使用子程序功能，刀具半径补偿功能；

（6）用CIMCO Edit软件对数控程序仿真。

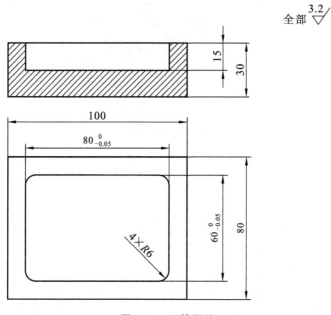

图2-78 凹槽零件

项目2.4 孔加工工艺与编程

2.4.1 项目描述

如图2-79所示，毛坯材料为45钢，调质状态，毛坯尺寸为170×110×64，毛坯的六个表面均已加工，现需加工零件上的孔。

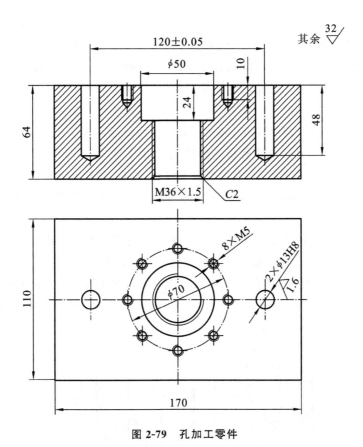

图 2-79 孔加工零件

2.4.2 编程基础

一、孔加工循环动作

1. 孔加工循环的六个基本动作

如图 2-80 所示,通常孔加工循环包含六个基本动作:

(1) XY 平面上孔心快速定位;
(2) 快速运行到 R 平面;
(3) 孔加工至孔底平面;
(4) 在孔底的动作,包括暂停、主轴反转等;
(5) 返回到 R 平面;
(6) 快速退回到初始平面。

2. 孔加工循环过程中的三个平面

在孔加工循环过程中,刀具在 Z 轴方向要到达三个平面,分别为初始平面、参考平面(或 R 平面)和孔底平面(或 Z 平面)。

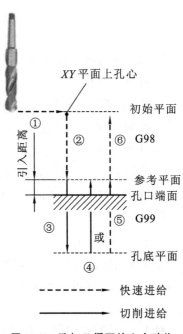

图 2-80 孔加工循环的六个动作

1) 初始平面

在开始执行固定循环前,刀具在 Z 轴方向所在的坐标平面即为初始平面。安全起见,通常初始平面至少要高于孔加工区域内工件及夹具的最高点,如可设为 Z50。使用 G98 时,孔加工完成后刀具的刀位点抬刀到初始平面。

2) 参考平面

参考平面又叫 R 平面,其位置由孔加工循环指令中的参数 R 设定。这个平面是刀具由快进转换为工进的减速处。R 平面距孔口端面的距离叫引入距离。通常在已加工表面上钻孔、镗孔、铰孔时,引入距离为 2~5 mm;在毛坯面上钻孔、镗孔、铰孔时,引入距离为 5~8 mm;攻螺纹时,引入距离为 5~10 mm。使用 G99 时,孔加工完成后刀具的刀位点抬刀到 R 平面。

3) 孔底平面

孔底平面又叫 Z 平面,其位置由指令中的参数 Z 设定。加工盲孔时孔底平面处就是孔底处的 Z 轴坐标;加工通孔时一般刀具还要继续进给,超越工件底平面一段距离,以保证孔深加工尺寸。如图 2-81 所示,钻孔时应考虑钻尖对孔深的影响,标准麻花钻轴向超越距离为 $0.3d+(1\sim2)$,d 为钻头直径;对于丝锥、镗刀等,应根据刀具情况决定超越距离。

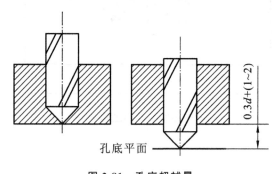

图 2-81 孔底超越量

3. 孔加工循环动作说明

1) 孔加工动作

根据孔的深度,浅孔可以一次加工到孔底;深孔加工时由于排屑、散热的需要,需分段加工到孔底,此时又叫间歇进给。

2) 孔底动作

根据孔的加工要求不同,孔底动作也不同。有的不需要孔底动作;有的需要进给暂停动作,以保证孔底质量;有的需要主轴反转,如攻丝等;有的需要主轴定向准停并横移退刀,如精镗孔等。

3) 孔底返回动作

刀具从孔底返回时,有时需要返回到初始平面(由 G98 指定),有时只需返回到 R 平面(由 G99 指定)。在返回到 R 平面的过程中,有快速退出、切削进给退出及手动退出等几种方式。

例 2-9 编写钻削如图 2-82 所示的 2-φ10 孔程序。

将编程原点设定在工件上表面的对称中心处。初始平面位于 Z20 处,参考平面位于需

加工的孔口端面以上 5 mm 处($Z-15$),孔底超越量取 5 mm($Z-55$)。编程结果如下:

……
G0 G90 X-25. Y0.
　//动作①快速定位到左边孔心
S500 M3
Z50. M8
Z20.
　//刀具到达初始平面
G98 G83 Z-55. R-15. Q3. F100
　//动作②刀具快速到达 R 平面,然后执行
　　动作③钻左边孔到孔底平面,孔底无动
　　作④,最后直接执行动作⑤和⑥抬刀到
　　初始平面 Z20
X25.
　//快速定位到右边孔心,然后以上述同样
　　的方法钻右边孔
G80
　//钻孔循环取消
……

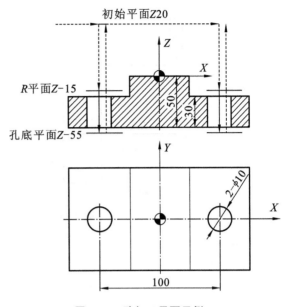

图 2-82 孔加工平面示例

二、孔加工固定循环通用编程格式

1. 孔加工固定循环通用编程格式

(G90/G91)(G98/G99)(G73~G89)X__Y__Z__R__Q__P__F__L__

2. 指令说明

(1) G90/G91 与孔加工数据。

G90/G91 用来指定在孔加工指令中各坐标值的数据形式;X、Y 用来指定孔心坐标;R 用来指定 R 平面的 Z 坐标;Z 则指定孔底平面的 Z 坐标。

R 与 Z 的数据指定与 G90 或 G91 的方式选择有关。如图 2-83 所示,当选择 G90 方式时,R 与 Z 一律取绝对坐标值;当选择 G91 方式时,R 是指 R 平面相对于初始平面的 Z 坐标增量,Z 是指孔底平面相对于 R 平面的 Z 坐标增量。

X、Y 地址的数据指定与 G90 或 G91 的方式选择也有关。G91 模式下的 X、Y 数据值是相对于前一个孔的 X、Y 方向的坐标增量。

(2) G98、G99 是当前孔加工完成后抬刀返回平面选择指令,使用 G98 指令时返回到初始平面,使用 G99 指令时则返回到 R 平面。G98 是系统默认的返回方式。

一般地,如果被加工的孔系在一个平整的平面上,可以使用 G99 指令,以缩短加工时间;如果工件表面有高于被加工孔系的凸台或筋时,使用 G99 时便有可能使刀具和工件发生碰撞,这时应该使用 G98,返回到初始平面后再进行下一个孔的加工。

如图 2-84 所示,孔加工顺序为孔 1→孔 2→孔 3→孔 4,当加工完孔 1 后抬刀到安全平面即可,当加工完孔 2 后为防止撞刀必须抬刀到初始平面。加工程序如下。

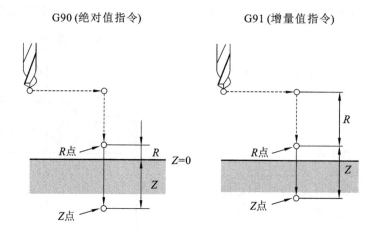

图 2-83　G90/G91 与 Z、R 参数

```
……
G90Z20.
G99G81X-25.Y-15.Z-35.R-15.F100
G98Y15.
G99X25.
Y-15.
……
```

程序仿真结果如图 2-85 所示。

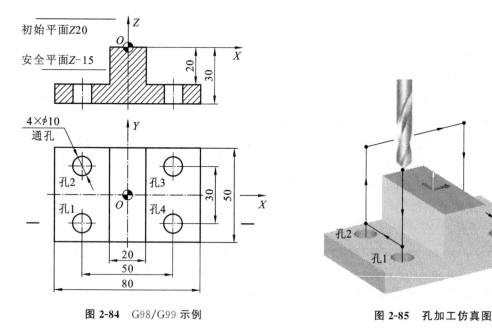

图 2-84　G98/G99 示例

图 2-85　孔加工仿真图

（3）其他参数说明。

Q——当刀具做间隙进给时（如用 G83 指令钻深孔），Q 为刀具沿 Z 轴的增量进给深度；在精镗或反镗孔循环中 Q 为刀具到达孔底后的横向偏移量。

P——指定刀具在孔底的暂停时间,数字不加小数点时,以毫秒作为时间单位。

F——孔加工切削进给时的进给速度,单位为毫米/分(mm/min)。攻螺纹时为 $F=S×L$,S 为主轴转速,L 为螺距。

L——指定孔加工循环的次数,在 G91 方式下,可加工出等距孔。

注意:

① 孔加工循环的通用格式表达了孔加工所有可能的运动,但并不是每一种孔加工循环指令编程都要用到通用格式中的所有代码,如程序段 G90 G98 G81 X10. Y5. Z-30. R5. F100 中就没有包含参数 Q、P 和 L。

② 孔加工循环指令格式中,除 L 代码外,其他代码都是模态代码,多孔加工时只需指定第一个孔加工的所有参数,后续的与第一个孔相同的参数都可以省略。

③ G80 为取消孔加工循环指令。另外,如在孔加工程序段后出现 01 组的 G 代码,如 G01 等,则孔加工循环也会自动取消。取消孔加工循环时孔加工数据也被取消。

例 2-10 使用 G81 指令,分别采用绝对方式及相对方式编写如图 2-86 所示的五个孔加工程序,程序如表 2-10 所示。

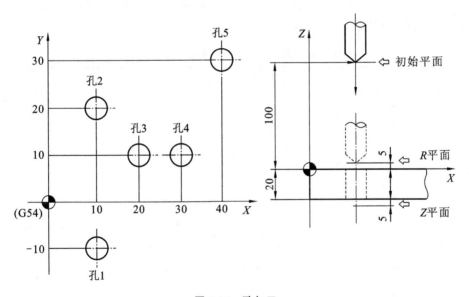

图 2-86 孔加工

表 2-10 孔加工程序

增量方式编程	绝对方式编程	说 明
……	……	
G90 G54 G00 X0 Y0	G90 G54 G00 X0 Y0	
Z100.	Z100.	刀具到达安全平面
S200 M03	S200 M03	

续表

增量方式编程	绝对方式编程	说　明
G91G99G81X10.Y－10.Z－30.R－95.F150	G99G81X10.Y－10.Z－25.R5.F150	1号孔加工完成后抬刀到R平面
Y30.	Y20.	加工2号孔
X10.Y－10.	X20.Y10.	加工3号孔
X10.	X30.	加工4号孔
G98 X10.Y20.	G98 X40.Y30.	5号孔加工完成后抬刀到初始平面
G90G00 X0.Y0.	G00 X0.Y0.	取消孔加工循环
……	……	

三、孔加工固定循环指令

FANUC系统配备的固定循环功能主要用于孔加工，包括钻孔、镗孔、攻螺纹等。调用固定循环的指令有G73、G74、G76、G81至G89等，G80用于取消固定循环状态。各种不同类型的孔加工指令动作如表2-11所示。

表2-11　孔加工固定循环指令动作一览表

G代码	是否间歇进给加工	孔底动作	退刀动作(+Z方向)	用　途
G73	是	无	快速退刀	高速深孔加工
G74	否	进给暂停、主轴正转	工进退刀	攻左旋螺纹
G76	否	主轴准停并横移Q	快速退刀	精镗
G80				取消固定循环
G81	否	无	快速退刀	钻孔
G82	否	进给暂停	快速退刀	钻、镗阶梯孔
G83	是	无	快速退刀	深孔加工
G84	否	进给暂停、主轴反转	工进退刀	攻右旋螺纹
G85	否	无	工进退刀	镗孔
G86	否	主轴停	快速退刀	镗孔
G87	否	主轴准停并横移Q	快速退刀	反镗孔
G88	否	进给暂停、主轴停	手动退刀	镗孔
G89	否	进给暂停	工进退刀	镗孔

1. 钻孔指令G81和G82

指令格式：

G90(G91) G98(G99) G81 X__Y__Z__R__F__

G90(G91) G98(G99) G82 X__Y__Z__R__P__F__

其中，P 指定刀具在孔底的暂停时间，数字不加小数点时，以毫秒作为时间单位。

如图 2-87 所示，执行 G81 指令时，切削进给执行到孔底，然后刀具从孔底快速移动退回。G81 主要用于钻中心定位孔、一般浅孔加工及对排屑要求不高的孔加工。

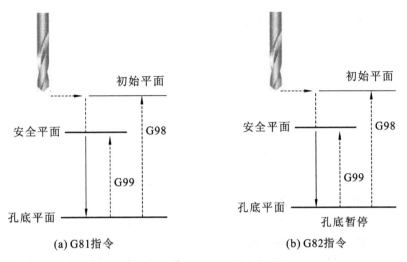

图 2-87　G81/G82 指令动作分解

G82 与 G81 动作轨迹一样，只是在孔底增加了暂停动作。因此，在盲孔加工中，可减小孔底表面粗糙度值和得到准确的孔深尺寸。该指令常用于台阶孔加工、锪孔加工等。

例 2-11　如图 2-88 所示，工件上 $\phi5$ 的通孔已加工完毕，需用锪刀加工 $4\times\phi7$ 沉孔，试编写加工程序。编程坐标系原点定于工件上表面中心处，初始平面定为 $Z50$ 处，R 平面距工件表面 3 mm，孔底停留 1 s 再加工。具体程序如下。

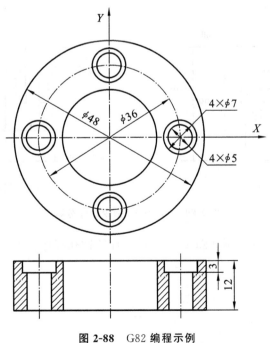

图 2-88　G82 编程示例

```
O2410
G90 G54 G00 Z100.
M03 S500 M08
Z50.
G99 G82 X18. Y0 Z-3. R3. P1000 F40
X0 Y18.
X-18. Y0
X0 Y-18.
G80 M09
M05 Z100.
M30
```

2. 深孔啄钻循环指令 G73 和 G83

指令格式：

G90(G91) G98(G99) G73 X__Y__Z__R__Q__F__

G90(G91) G98(G99) G83 X__Y__Z__R__Q__F__

其中，Q 为孔加工间歇进给的切深增量。

如图 2-89 所示，在执行这两个指令时，刀具均做间歇进给，每次切深增量均为 Q 值，然后退刀，便于断屑、排屑，适用于深孔加工，一般 Q 取 3～10 mm。不同的是 G83 每次都退刀到 R 平面，再快进到上次切削的孔底平面上方 d 处，这样可以把切屑带出孔外，避免切屑将孔塞满而增加钻削阻力，还有利于切削液到达切削区；而 G73 每次退刀的距离为 Q+d，退刀距离较短，适合高速深孔加工。其中，d 值由数控系统自行设置。

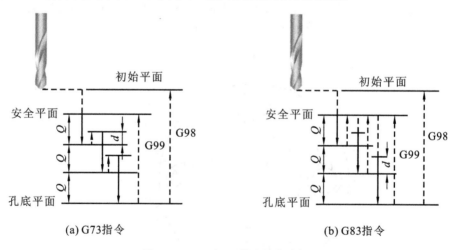

图 2-89 G73/G83 指令动作分解

例 2-12 用 G83 指令编制如图 2-90 所示零件的钻孔程序。设切深增量为 2 mm，程序如下。

```
……
G90 G0 X-25. Y0
Z40.
G99 G83 Z-13. Q2. R5. F100
```

```
        X0 Z-35.
        X25. Z-23.
        ……
```

3. 镗孔循环指令 G85、G86 和 G76

1) 粗镗循环 G85

指令格式：G90(G91) G98(G99) G85 X__Y__Z__R__F__

指令动作：该指令动作与 G81 类似，不同的是返回行程中，从孔底平面→R 平面段（即动作⑤）为工进退刀。该指令属于一般孔镗削加工固定循环指令，也可用作铰孔循环，可保证孔壁光滑。

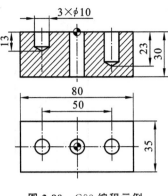

图 2-90　G83 编程示例

2) 半精镗循环 G86

指令格式：G90(G91) G98(G99) G86 X__Y__Z__R__F__

指令动作：该指令动作与 G82 类似，进给到孔底后暂停，主轴停转，然后重新转动主轴，快速返回。该指令常用于精度要求不高的镗孔加工。

3) 精镗循环指令 G76

指令格式：G90(G91) G98(G99) G76 X__Y__Z__R__Q__P__F__

其中，Q 为刀尖在孔底的偏移量，一般为正数，单位为毫米，偏移方向由机床参数设定；P 为刀具在孔底停留的时间。

与 G85 不同，G76 在孔底有两个动作，即主轴准停（定向停止）和刀具沿刀尖的反向偏移 Q 值，然后再快速抬刀返回。这样在退刀过程中刀尖不会与已加工孔壁接触，防止损伤工件，保证了镗孔精度，如图 2-91 所示。

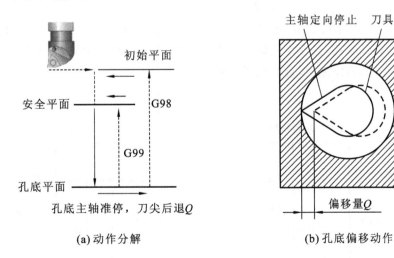

图 2-91　G76 精镗循环指令动作

例 2-13　编写如图 2-92 所示的精镗孔加工程序，孔底停留时间设为 1 s，Z 向原点位于工件右端面处。具体程序如下。

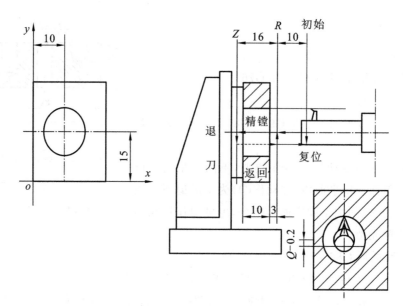

图 2-92 G76 编程示例

```
……
Z13.
G98G76X10.Y15.Z-13.R3.Q0.2P1000F50
……
```

4. 攻螺纹循环指令 G74、G84

编程格式：

G74 X__Y__Z__R__P__F__ //攻左螺纹

G84 X__Y__Z__R__P__F__ //攻右螺纹

如图 2-93 所示，G74 指令用于切削左旋螺纹孔，特点是主轴反转进刀，正转退刀。G84 指令用于切削右旋螺纹孔，特点是主轴正转进刀，反转退刀。F 表示导程，在切削螺纹期间进给倍率修正及进给暂停无效，直到循环结束。

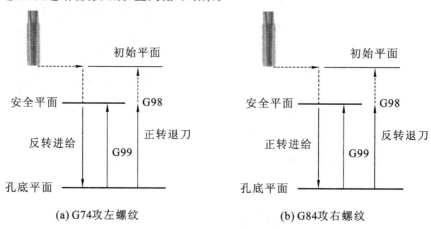

(a) G74攻左螺纹　　　　　　　　(b) G84攻右螺纹

图 2-93 G74/G84 指令动作分解

例 2-14 如图 2-94 所示,5×M20×1.5 的螺纹底孔已钻好,试编写右旋螺纹加工程序。设工件坐标系原点位于零件上表面对称中心,初始平面位置在工件坐标系原点上方 50 mm 处。加工程序如下。

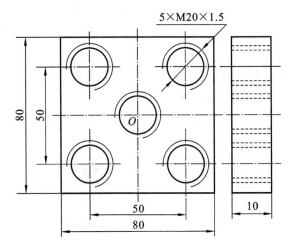

图 2-94 G84 编程示例

```
O2420
G90 G54 G00 Z100.
M03 S500 M08
Z50.
G84 X0 Y0 Z-20.R5. F1.5
X25. Y25.
X-25. Y25.
X-25. Y-25.
X25. Y-25.
G00 Z100. M09
M05
M30
```

2.4.3 工艺基础

一、孔加工方法

孔加工方法比较多,有钻、扩、铰、镗、攻丝等,大直径孔还可采用圆弧插补方式进行铣削加工。孔的具体加工方案可按下述方法确定。

(1) 所有孔系一般先完成全部粗加工后,再进行精加工。

(2) 毛坯上已铸出或锻出的孔(其直径通常在 ϕ30 mm 以上),一般先在普通机床上进行荒加工,径向留 4～5 mm 的余量,然后再由加工中心按"粗镗→半精镗→孔口倒角→精镗"的加工方案完成。有退刀槽时可用 T 形铣刀在半精镗之后和精镗之前用圆弧插补方式铣削完成,也可用单刃镗刀镗削加工,但效率较低。当需加工的孔径较大时可用键槽铣刀或立铣刀以圆弧插补方式通过粗、精铣加工完成。

(3) 对于直径小于 φ30 mm 的无底孔,如对形位公差要求不高时通常可采用"锪(或铣)平端面→钻中心孔→钻→扩→孔口倒角→铰"的加工方案;而对有形位公差要求的小孔,须采用"锪(或铣)平端面→钻中心孔→钻→半精镗→孔口倒角→精镗(或铰)"的加工方案。

(4) 在孔系加工中,先加工大孔,再加工小孔,特别是在大小孔相距很近的情况下,更要采取这一措施。

(5) 对于同轴孔系,若相距较近,用穿镗法加工;若跨距较大,应尽量采用调头镗的方法加工,以缩短刀具长度,减小其长径比,提高加工质量。

表 2-12 列出了常见的孔加工方案,表 2-13 列出了在实体材料上加工 IT7、IT8 级孔的加工方式及加工余量。

表 2-12 H13 至 H7 孔加工方案(孔长度不超过孔径 5 倍)

孔的精度	孔的毛坯性质	
	在实体材料上加工孔	预先铸出或热冲出的孔(孔径≤80)
H12,H13	一次钻孔	扩孔或镗孔
H11	孔径≤10 mm:一次钻孔 孔径范围为 10～30 mm:钻孔→扩孔 孔径范围为 30～80 mm:钻孔→扩孔或钻孔→扩孔→镗孔	粗扩→精扩; 或粗镗→精镗; 或根据余量一次镗孔或扩孔
H10,H9	孔径≤10 mm:钻孔→铰孔 孔径范围为 10～30 mm:钻孔→扩孔→铰孔 孔径范围为 30～80 mm:钻孔→扩钻→铰孔; 或钻孔→扩孔→镗孔(或铣孔)	扩孔→(一次或两次,根据余量而定)铰孔; 或粗镗孔→(一次或两次)铰孔(或精镗孔)
H8,H7	孔径≤10 mm:钻孔→(一次或两次)铰孔 孔径范围为 10～30 mm:钻孔→扩孔→(一次或两次)铰孔 孔径范围为 30～80 mm:钻孔→扩孔(或粗镗)→(一次或两次)精铰(或精镗)	(一次或两次)扩孔→(一次或两次)铰孔; 或(一次或两次,根据余量确定)粗镗→半精镗→精镗(或精铰孔)

注:当孔径≤30 mm、直径余量≤4 mm 和孔径范围为 30～80 mm、直径余量≤6 mm 时,采用一次扩孔或一次镗孔。

表 2-13 H7、H8 级孔加工方式及余量(在实体材料上加工)

单位:毫米

加工孔的直径	直径							
	钻		粗加工		半加工		精加工	
	第一次	第二次	粗镗	或扩张	粗铰	或半精镗	精铰	或精镗
3	2.9	—	—	—	—	—	3	—
4	3.9	—	—	—	—	—	4	—
5	4.8	—	—	—	—	—	5	—
6	5	—	—	5.85	—	—	6	—

续表

加工孔的直径	直径							
	钻		粗加工		半精加工		精加工	
	第一次	第二次	粗镗	或扩张	粗铰	或半精镗	精铰	或精镗
8	7	—	—	7.85	—	—	8	—
10	9	—	—	9.85	—	—	10	—
12	11	—	—	11.85	11.95	—	12	—
13	12	—	—	12.85	12.95	—	13	—
14	13	—	—	13.85	13.95	—	14	—
15	14	—	—	14.85	14.95	—	15	—
16	15	—	—	15.85	15.95	—	16	—
18	17	—	—	17.85	17.95	—	18	—
20	18	—	19.8	19.8	19.95	19.9	20	20
22	20	—	21.8	21.8	21.95	21.9	22	22
24	22	—	23.8	23.8	23.95	23.9	24	24
25	23	—	24.8	24.8	24.95	24.9	25	25
26	24	—	25.8	25.8	25.95	25.9	26	26
28	26	—	27.8	27.8	27.95	27.9	28	28
30	15	28	29.8	29.8	29.95	29.9	30	30
32	15	30	31.7	31.75	31.93	31.9	32	32
35	20	33	34.7	34.75	34.93	34.9	35	35
38	20	36	37.7	37.75	37.93	37.9	38	38
40	25	38	39.7	39.75	39.93	39.9	40	40
42	25	40	41.7	41.75	41.93	41.9	42	42
45	30	43	44.7	44.75	44.93	44.9	45	45
48	36	46	47.7	47.75	47.93	47.9	48	48
50	36	48	49.7	49.75	49.93	49.9	50	50

注：在铸铁上加工直径为 30 mm 与 32 mm 的孔可用 φ28 mm 与 φ30 mm 钻头钻一次。

二、常用的孔加工刀具

孔加工的刀具一般可以分为两大类：一类是在实体材料中加工孔的刀具，常用的有中心钻、麻花钻、快速钻及深孔钻等；另一类则是在工件预先加工的底孔基础上进行孔的半精加工和精加工刀具，常用的有扩孔钻、铰刀及镗刀等。

1. 中心钻

中心钻用于孔加工前预制精确定位孔，引导麻花钻进行孔加工，减少钻孔时的孔位误差。

如图 2-95 所示，常见的有两种：A 型中心钻和 B 型中心钻。A 型为不带护锥的中心钻，加工直径为 1~10 mm 的中心孔时，通常采用 A 型中心钻；B 型为带 120°护锥的中心钻，加工工序较长、精度要求较高的工件，为了避免 60°定心锥被损坏，一般采用带护锥的 B 型中心钻。

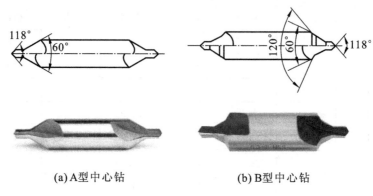

(a) A 型中心钻　　　　　(b) B 型中心钻

图 2-95　中心钻结构

2．镗刀

镗刀用于加工各类直径较大的孔，特别是位置精度要求较高的孔和孔系。镗刀按功能可分为粗镗刀、精镗刀等；镗刀按切削刃数量可分为单刃镗刀、双刃镗刀和多刃镗刀等；镗刀按照加工工件表面特征可分为通孔镗刀、盲孔镗刀、阶梯孔镗刀和端面镗刀等；镗刀按刀具结构可分为整体式、模块式等。

1) 粗镗刀

粗镗刀应用于孔的半精加工。常用的粗镗刀按结构可分为单刃粗镗刀和双刃粗镗刀。如图 2-96(a)所示，可调式双刃粗镗刀两端都有切削刃，切削时受力均匀，可消除径向力对镗杆的影响，在数控镗铣床上使用得越来越多。其适用范围广泛，通过各类调整可发挥不同的作用，例如：将其中一刃径向尺寸调小后即可单刃镗孔；在刀夹下加垫片即可进行高低台阶刃镗孔；镗孔范围为 $\phi25$ mm 至 $\phi450$ mm。

2) 精镗刀

精镗刀应用于孔的精加工场合，能获得较高的直径、位置精度和表面质量。如图 2-96(b)所示，一般精镗刀采用的都是单刃结构形式，刀头带有微调结构，以获得更高的调整精度和调整效率。

(a) 双刃镗刀　　　　　(b) 单刃镗刀

图 2-96　可调镗刀

三、孔加工切削用量

数控铣床及加工中心上常用的孔加工切削用量的选择可参考表 2-14 至表 2-17。

表 2-14 高速钢钻头的切削用量

工件材料	牌号或硬度	切削用量	钻头直径			
			1～6 mm	6～12 mm	12～22 mm	22～50 mm
铸铁	HB160 至 HB 200	V_c/(m/min)	16～24			
		f/(mm/r)	0.07～0.12	0.12～0.2	0.2～0.4	0.4～0.8
	HB200 至 HB 241	V_c/(m/min)	10～18			
		f/(mm/r)	0.05～0.1	0.1～0.18	0.18～0.25	0.25～0.4
	HB300 至 HB 400	V_c/(m/min)	5～12			
		f/(mm/r)	0.03～0.08	0.08～0.15	0.15～0.2	0.2～0.3
钢	35、45	V_c/(m/min)	8～25			
		f/(mm/r)	0.05～0.1	0.1～0.2	0.2～0.3	0.3～0.45
	15Cr、20Cr	V_c/(m/min)	12～30			
		f/(mm/r)	0.05～0.1	0.1～0.2	0.2～0.3	0.3～0.45
	合金钢	V_c/(m/min)	8～18			
		f/(mm/r)	0.03～0.08	0.08～0.15	0.15～0.25	0.25～0.35
			钻头直径			
			3～8 mm	8～25 mm	25～50 mm	
铝	钝铝	V_c/(m/min)	20～50			
		f/(mm/r)	0.03～0.2	0.06～0.5	0.15～0.8	
	铝合金（长切削）	V_c/(m/min)	20～50			
		f/(mm/r)	0.03～0.25	0.1～0.6	0.2～1.0	
	铝合金（短切削）	V_c/(m/min)	20～50			
		f/(mm/r)	0.03～0.1	0.05～0.15	0.08～0.36	
铜	黄铜、青铜	V_c/(m/min)	60～90			
		f/(mm/r)	0.06～0.15	0.15～0.3	0.3～0.75	
	硬青铜	V_c/(m/min)	12～20			
		f/(mm/r)	0.05～0.15	0.12～0.25	0.25～0.5	

表 2-15 高速钢铰刀铰孔时的切削用量

工件材料		铸铁		钢及合金钢		铜、铝及其合金	
切削用量		V_c/(m/min)	f/(mm/r)	V_c/(m/min)	f/(mm/r)	V_c/(m/min)	f/(mm/r)
铰刀直径/mm	6～10	2～6	0.3～0.5	1.2～5	0.3～0.4	8～12	0.3～0.5
	10～15		0.5～1		0.4～0.5		0.5～1
	15～25		0.8～1.5		0.5～0.6		0.8～1.5
	25～40		0.8～1.5		0.4～0.6		0.8～1.5
	40～60		1.2～1.8		0.5～0.6		1.5～2

表 2-16 镗孔切削用量

工序	工件材料	铸铁		钢		铝及其合金	
	切削用量 刀具材料	切削速度/(m/min)	进给量/(mm/r)	切削速度/(m/min)	进给量/(mm/r)	切削速度/(m/min)	进给量/(mm/r)
粗镗	高速钢	20～25	0.4～1.5	15～30	0.35～0.7	100～150	0.5～1.5
	硬质合金	35～50		50～70		100～250	
半精镗	高速钢	20～35	0.15～0.45	15～50	0.15～0.45	100～200	0.2～0.5
	硬质合金	50～70		95～135			
精镗	硬质合金	70～90	(D1级)小于0.08 0.12～0.15 (D级)	100～135	0.12～0.15	150～400	0.06～0.1

注:当采用高精度的镗刀头镗孔时,切削余量较小,直径不大于 0.2 mm,切削速度可提高一些,铸铁件为 100～150 m/min,钢件为 150～250 m/min,铝合金为 200～400 m/min,巴氏合金为 250～500 m/min,每转走刀量可在 0.03～0.1 mm 范围内。

表 2-17 攻螺纹切削速度

加工材料	铸铁	铜及钢	铝及其合金
切削速度/(m/min)	2.5～5	1.5～5	5～15

四、孔加工时的定位路线

在数控铣床及加工中心上加工孔系时,通常需要按照以下两个原则来确定定位路线。

(1) 尽量缩短孔位之间的移动路线,减少刀具的空行程,以节省加工时间,提高生产效率。图 2-97(b)所示的定位路线比图 2-97(a)的短,可减少空行程时间。

(2) 对于位置精度要求较高的孔系加工,应采用单向定位路线,以避免机床丝杠的反向间隙对孔位精度的影响。如镗削图 2-98(a)所示零件上的四个孔时,图 2-98(c)所示定位路线在加工完 3 号孔后,刀具先移动到 P 点,再从 P 点定位到 4 号孔位点,避免了反向间隙的引入,提高了 4 号孔的孔位精度。

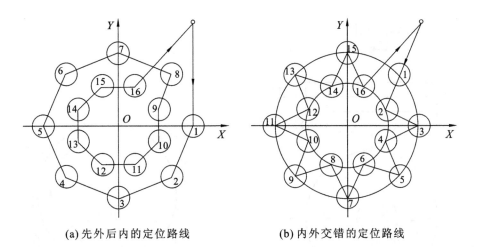

(a) 先外后内的定位路线　　　(b) 内外交错的定位路线

图 2-97　钻孔时的定位路线

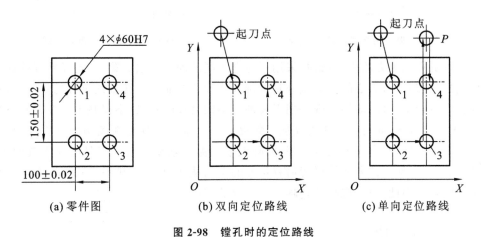

(a) 零件图　　　(b) 双向定位路线　　　(c) 单向定位路线

图 2-98　镗孔时的定位路线

2.4.4　铣孔加工

当需要加工的孔径较大时,在数控铣床及加工中心上可对孔进行铣削加工。常用铣孔加工的方法包括螺旋铣孔和分层铣孔。

螺旋铣孔是建立在螺旋式下刀基础上的加工方法,当没有预钻底孔时,可按此方法铣大孔;当存在底孔时,可采用分层铣削的方法铣孔。如图 2-99 所示为分层铣孔的走刀路线,按背吃刀量 Q 在深度方向分层,按侧吃刀量 H 在直径方向分层,径向分层切削时通常采用环切法铣削内圆轮廓。

铣孔时有两个注意事项:

(1) 当分层精铣内孔时,应采用如图 2-100 所示圆弧切入、圆弧切出的进退刀路线,以保证孔壁表面质量;

(2) 圆弧插补铣孔时,刀具圆周上切削点的实际进给速度将会比给定值(刀心处)高得多,这对刀具寿命及工件质量会有较大影响,因此需要修调编程时的进给速度。

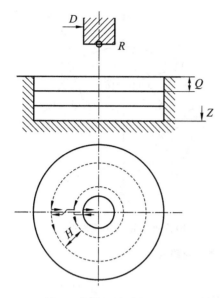

图 2-99 分层铣孔走刀路线

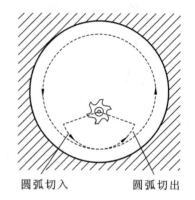

图 2-100 精铣孔走刀路线

与传统的孔加工方法相比,铣孔采用了完全不同的加工方法。第一,孔径精度的保证不是采用定尺寸刀具法,刀心的移动轨迹是螺旋线或圆弧线而非与孔轴线重合的直线,刀具的直径与孔的直径不一样,能够实现一把刀具加工不同直径的孔,这不仅减少了存刀数量和种类,降低了加工成本,同时有利于提高加工精度;第二,铣孔过程是断续切削过程,冷却液较容易到达切削区域,有利于刀具散热,从而降低了因温度累积而造成刀具磨损失效的风险;第三,铣孔时偏心加工的方式使得切屑有足够的空间从孔槽排出,排屑方式不再是影响孔质量的主要因素。因此,数控铣孔得到越来越广泛的应用。

2.4.5 螺纹铣削加工

对于螺纹孔,要根据其孔径的大小选择不同的加工方式。加工中心上攻小直径螺纹时丝锥容易折断,因此 M6 以下的螺纹,多数情况下只在加工中心上加工出底孔,然后通过其他手段攻螺纹;M6 至 M20 之间的螺纹孔,一般在加工中心上用攻螺纹的方法加工;而 M20 以上的螺纹,一般采用镗刀镗螺纹或铣螺纹,如图 2-101 所示。

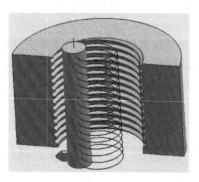

图 2-101 镗螺纹

一、螺纹铣削的优点

1. 加工质量高

(1)可通过刀补和修改程序来控制精度,可加工出任何中径公差位置的螺纹。

(2)铣螺纹可获得较好的表面粗糙度。攻丝的切屑是连续的,切屑常会咬住丝锥,拉毛已加工出的螺纹。而铣螺纹产生的是短切屑,无此问题。

2. 加工效率高

（1）铣螺纹时切削力小而且稳定，效率高。如用攻丝的方法，有时可能要分粗攻、半精攻和精攻等多步才能完成。

（2）螺纹铣刀大多使用硬质合金制造，可取较高的切削速度和较大的进给率。另外，一些带复合加工功能的刀具，如钻铣刀，可将螺纹孔口倒角及铣螺纹一次加工完成，从而提高了加工效率。

3. 加工安全性好

当螺纹铣刀在加工中折断或损坏时，很容易从工件中取出，然后换上新的刀具继续加工，不会造成工件报废。但当使用丝锥攻丝时，丝锥一旦折断在孔中就十分难取出，很可能会导致工件报废。

4. 刀具的通用性好

一把螺纹铣刀可加工与刀具齿形和螺距相同的、不同直径的螺纹，有时也没有旋向限制，不再需要使用大量不同类型丝锥。

5. 可加工至整个螺纹深度

在加工盲孔螺纹时，不受攻丝时丝锥导向锥和车削螺纹时退刀槽的限制。铣螺纹可将螺纹加工至孔底部，加工出整个螺纹深度。

注意：铣螺纹并不适用于所有场合，在加工小直径或较深的内螺纹时，攻丝还是更加高效可靠。

二、螺纹铣削刀具

1. 螺纹铣刀的种类

常见的螺纹铣刀类型主要有普通机夹式螺纹铣刀、整体式螺纹铣刀等。

机夹式螺纹铣刀（见图 2-102）包括单齿和多齿两种。单齿机夹螺纹铣刀只有一个螺纹加工齿，一个螺旋运动只能加工一齿，效率较低，但可加工相同齿形、任意螺距的螺纹；多齿机夹螺纹铣刀的刀刃上有多个螺纹加工齿，刀具螺旋运动一周便可以加工出多个螺纹齿，加工效率高，但只能加工与刀片相同齿形、相同螺距的螺纹。机夹式螺纹铣刀适用于较大直径（如直径大于 25 mm）的螺纹加工，刀片易于制造，价格较低，有的螺纹刀片可双面切削，但抗冲击性能较整体螺纹铣刀稍差。因此，该刀具常推荐用于加工铝合金材料。

整体式螺纹铣刀的刀刃上也有多个螺纹加工齿，也是一种定螺距螺纹铣刀，如图 2-103 所示。这种螺纹铣刀适用于钢、铸铁和有色金属材料的中小直径螺纹铣削，切削平稳，耐用度高。这种螺纹铣刀的缺点是刀具制造成本较高，结构复杂，价格昂贵。

2. 螺纹铣刀的选择

1）螺纹铣刀直径的选择

为得到最佳螺纹质量，推荐使用大的铣刀直径。但对于一般内螺纹，螺纹铣刀最大直径通常不大于内螺纹直径的 2/3；对于细牙内螺纹，螺纹铣刀最大直径通常不大于内螺纹直径的 3/4。

图 2-102 机夹式螺纹铣刀铣螺纹

图 2-103 整体式螺纹铣刀铣螺纹

2)螺纹铣刀长度的选择

为保证螺纹铣刀在一个圆周运动结束时完成螺纹铣削,刀具切削部分长度应大于螺纹长度。否则,在第一个圆周进给运动完成后,刀具应沿轴线方向抬高(或下降)螺距的整数倍距离后,再进行下一个螺旋插补运动。

三、螺纹铣削时的走刀路线

1. 螺纹铣削进退刀路线

铣螺纹时刀具的进退刀方式有三种:沿轮廓法向进退刀、螺旋进退刀及沿轮廓切向进退刀等。其中沿轮廓法向进退刀会在切入点、切出点留下刀痕,沿轮廓切向进退刀只适用于铣削外螺纹,而螺旋进退刀则是铣削质量要求高的内螺纹的首选方法。

2. 螺纹铣削路线

在铣削螺纹过程中,刀具做螺旋插补。根据螺纹铣刀的圆周进给方向与沿刀具轴的直线运动方向,有四种螺纹铣削方式。下面以铣削内螺纹为例进行介绍。

(1)顺铣右旋螺纹:刀具轴自下而上(孔底向孔口)移动,圆周进给方向为逆时针。

(2)顺铣左旋螺纹:刀具轴自上而下(孔口向孔底)移动,圆周进给方向为逆时针。

(3)逆铣右旋螺纹:刀具轴自上而下(孔口向孔底)移动,圆周进给方向为顺时针。

(4)逆铣左旋螺纹:刀具轴自下而上(孔底向孔口)移动,圆周进给方向为顺时针。

相对于逆铣方式,顺铣的切削阻力小,断屑好,表面质量高、刀具寿命长。此外,顺铣加工盲孔右旋内螺纹时,刀具自下而上进给,避开了堆积在盲孔底部的切屑。但在加工表面硬度较高,或难加工材料时,应采用逆铣。

2.4.6 项目实施

一、工艺路线

本项目需要完成各类孔的加工。各孔加工方案如下。

(1)$2\times\phi13H8$ 孔,有 8 级尺寸精度要求,并且表面粗糙度要求为 $Ra1.6$,根据表 2-12,可采用:钻中心孔 $\phi2.5$→钻孔 $\phi12.8$→铰孔 $\phi13$ 方案,并且钻孔时的孔底尺寸为 $48+0.3D\approx52$ mm。

(2) 8×M5 螺纹的加工方案。

M5 螺纹标准螺距为 $P=0.8$ mm。

螺纹底孔直径 $\approx D-P=5$ mm-0.8 mm$=4.2$ mm。

螺纹孔为盲孔,其底孔深度 $\approx h+0.7D\approx10$ mm$+3.5$ mm$=13.5$ mm,其中 D 为螺纹的公称直径,h 为螺纹的有效长度。

螺纹孔口倒角量大于牙型高度即可,取为 $0.6\times45°$。

另外在数控机床上加工 M5 螺纹时,易断丝锥,因此在数控机床上不对 M5 螺纹攻丝。

综上所述,8×M5 螺纹的加工方案为:钻中心孔 $\phi2.5$→钻孔 $\phi4.2$→孔口倒角→其他机床上攻丝。

(3) $\phi50$ 孔的孔径较大,表面粗糙度要求为 $Ra3.2$,在加工中心上为减少所使用的刀具数量,可采用:钻中心孔 $\phi2.5$→钻孔 $\phi20$→钻孔 $\phi34.5$→粗铣孔 $\phi49.4$→精铣孔 $\phi50$ 方案,粗铣时孔底及侧面均留 0.3 mm 精铣余量。

(4) M36×1.5 螺纹底孔约为 34.5mm,螺纹尺寸较大,可采用:钻中心孔 $\phi2.5$→钻孔 $\phi20$→钻孔 $\phi34.5$→铣削倒角 $C2$→铣 M36×1.5 螺纹方案。钻 $\phi20$ 孔时孔底超越量 $=(0.3D+2)$ mm$=8$ mm,钻 $\phi34.5$ 孔时的孔底超越量 ≈12 mm。

为减少换刀次数,并且按照先加工大孔后加工小孔的原则及先粗加工后精加工的原则,将上述各孔的加工方案打散重新排序。

二、刀具及切削用量的选择

粗精铣 $\phi50$ 孔时可选择齿数为 3、直径为 $\phi18$ 的立铣刀;铣 M36×1.5 螺纹时选择 $\phi25$ 双刃螺纹梳刀,每刃上刀齿数为 8 个;各孔倒角可选择直径为 $\phi16$ 的 45°倒角刀,前述刀具材料均为硬质合金。其余的孔加工刀具均为定尺寸刀具,刀具材料均选择高速钢。孔加工刀具清单如表 2-18 所示。

表 2-18 孔加工刀具清单

序号	刀具编号	刀具规格名称	刀具材料	长度补偿号	半径补偿号
1	T2	$\phi18$ 立铣刀	硬质合金	H2	粗铣 D2 精铣 D22 (D2)=(D22)+0.3
2	T4	$\phi2.5$ 中心钻	高速钢	H4	
3	T5	$\phi20$ 钻头	高速钢	H5	
4	T6	$\phi34.5$ 钻头	高速钢	H6	
5	T7	$\phi4.2$ 钻头	高速钢	H7	
6	T8	$\phi16$,45°倒角刀	硬质合金	H8	D8 (D8)≈7.1
7	T9	$\phi12.8$ 钻头	高速钢	H9	
8	T10	$\phi13H8$ 铰刀	高速钢	H10	
9	T11	$\phi25$ 螺纹梳刀	硬质合金	H11	D11

在用 T8 倒角刀给 8×M5 螺纹孔口倒角 0.6×45°时,将(H8)取为刀具锥面上直径为 φ4.2 处的刀长,即让刀位点位于直径 φ4.2 的圆心上,这样编程时只需使刀位点从孔口端面沿 Z 轴向下进给 0.6 mm 即可,可简化编程;此外,用 T8 倒角刀铣 M36 螺纹孔口倒角 C2 时,可与铣 φ50 孔共用一个子程序(下述 O2451),但此时应将刀补值增大(50−36−4) mm/2=5 mm,即对应的半径补偿值应为(D8)=r+5,其中 r 为刀具锥面上直径为 φ4.2 处的半径,即(D8)≈7.1。

各孔加工刀具切削用量确定方法如下。

首先根据表 2-14、表 2-15,确定各高速钢孔加工刀具的切削用量如表 2-19 所示。

表 2-19 孔加工刀具切削用量

刀具规格名称	进给量/(mm/r)	切削速度/(m/min)
φ2.5 中心钻	0.05~0.1	8~25
φ4.2 钻头	0.05~0.1	
φ12.8 钻头	0.2~0.3	
φ20 钻头	0.2~0.3	
φ34.5 钻头	0.3~0.45	
φ13H8 铰刀	0.4~0.5	1.2~5

然后,换算上述参数,结果如表 2-20 所示。

表 2-20 孔加工工序单

序号	加工内容	刀具规格名称	S/(r/min)	F/(mm/min)	a_p/mm	a_e/mm
1	各孔位中心钻 φ2.5 中心孔	φ2.5 中心钻	1 000	100		
2	在 φ50 孔心处钻通孔至 φ20	φ20 钻头	350	80		
3	在 φ50 孔处钻通孔至 φ34.5	φ34.5 钻头	220	70		
4	粗铣孔 φ50 至 φ49.4,精铣孔 φ50	φ18 立铣刀	粗:1 000 精:1 800	粗:190 精:250	粗:6 精:0.3	粗:7.45 精:0.3
5	钻 8×M5 螺纹底孔至 φ4.2,底孔深 13.5 mm	φ4.2 钻头	1 000	80		
6	8×M5 螺纹孔口倒角 0.6×45°	φ16 倒角刀	1 200	300		
7	钻 2×φ13H8 孔至 φ12.8	φ12.8 钻头	550	100		
8	铰孔 2×φ13H8	φ13H8 铰刀	80	35		
9	工件翻转,M36 螺纹孔口倒角 C2	φ16 倒角刀	1 200	300		
10	铣 M36×1.5 螺纹	φ25 螺纹梳刀	600	100		

各铣削刀具的切削参数可参照本模块项目 2.1 相关内容确定,但在铣内孔及螺纹时,需对刀心的进给速度进行修正。

$\phi 18$ 立铣刀圆周上切削点粗切时进给量为 300 mm/min,修正后为 $F=190$;精切时进给量 400 mm/min,修正后为 $F=250$。螺纹梳刀及倒角刀参数均可类似修正。

由此,可以制作出如表 2-20 所示的加工工序单。

三、装夹方案

本工件的定位需要限制六个自由度,为避免干涉需从侧面夹紧,所采用的夹具为虎钳,保证工件上表面露出钳口 5mm 即可。

四、走刀路线及程序编制

为编程方便,将编程坐标系原点设置在工件上表面的对称中心处,加工底面孔时将工件原点偏置设定在 G54 寄存器下,工件翻转后工件原点偏置设定在 G55 寄存器下;安全平面设定在工件上表面 3 mm 处。

1. 底面孔加工

各孔孔位坐标如图 2-104 所示。

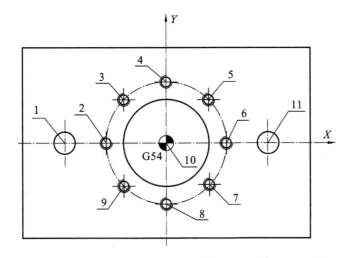

	X	Y
1	-60	0
2	-35	0
3	-24.749	-24.749
4	0	35
5	24.749	24.749
6	35	0
7	24.749	-24.749
8	0	-35
9	-24.749	-24.749
10	0	0
11	60	0

图 2-104 各底面孔位坐标

1) 粗、精铣 $\phi 50$ 孔

图 2-105 中 1→2→3→4 为粗、精铣孔 $\phi 50$ 的编程路径,由于使用了刀具半径补偿功能,粗、精加工的编程路径相同,只是刀补号不同。又由于粗铣 $\phi 50$ 孔时毛坯 Z 向余量较大,需分层切削,每层的切削深度拟定为 $a_p = 6$ mm,孔深为 24 mm,孔底留 0.3 mm 精铣余量,可分四层切削,实际上第一层切削切深为 5.7 mm,其余三层切深均为 6 mm;精铣时 Z 向不分层。铣 $\phi 50$ 孔时每一层的走刀路线编程为一个子程序 O2451。

```
%
O2451
G91Z-6.
G90G41X19.142Y-14.142
G3X25.Y0R20.
I-25.
X19.142Y14.142R20.
```

G1G40X5.Y0
M99
%

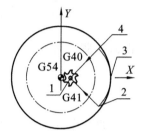

	X	Y
1	5	0
2	19.142	-14.142
3	25	0
4	19.142	14.142

图 2-105　铣 ϕ50 孔时的编程路径

2）其余孔的加工

其余各孔加工对应的循环参数如表 2-21 所示。

表 2-21　孔加工循环参数

	T4ϕ2.5 中心钻	T5ϕ20 钻头	T6ϕ34.5 钻头	T7ϕ4.2 钻头	T8ϕ16 倒角刀	T9ϕ12.8 钻头	T10ϕ13H8 铰刀
Z	Z-3	Z-72	Z-76	Z-13.5	Z-0.6	Z-52	Z-48
R	R3						
Q		Q2	Q4	Q1		Q2	
F	100	80	70	80	300	100	35

注：当 8×M5 螺纹孔口倒角深度取为 Z-0.6 时，(H8)应为倒角刀直径为 ϕ4.2 部位的长度值。

3）底面孔加工主程序

加工底面孔的主程序号为 O2450，各孔加工仿真结果如图 2-106 所示。

```
O2450
T4M6                //钻 1→2→……→11 孔位处的中心孔
G0 G90 G54X-60.Y0
S1000 M3
M8
G43Z50.H4
G99G81Z-3.R3.F100
X-35.
X-24.749Y24.749
X0Y35.
X24.749Y24.749
X35.Y0
X24.749Y-24.749
X0Y-35.
```

```
X-24.749Y-24.749
X0 Y0
X60.Y0
G80M9
G0Z100.M5
G28G91X0Y0
G90G49
T5M6                    //钻φ50孔至φ20
G0X0Y0
S350 M3
M8
G43Z50.H5
G98G83Z-72.R3.Q2.F80
G0Z100.M9
G28G91X0Y0 M5
G90G49
T6M6                    //钻φ50孔至φ34.5
G0X0Y0
S220 M3
M8
G43Z50.H5
G98G83Z-76.R3.Q4.F70
G0Z100.M9
G28G91X0Y0 M5
G90G49
T2 M6                   //粗、精铣孔φ50
G0X5.Y0
G43Z50.H2
S1000M3
Z5.
G1Z0.3 F190             //铣刀端面定位于Z0.3处,保证第一层切深为5.7 mm
D2
M98P42451               //粗铣孔φ50
N10G91Z5.7              //保证精铣切到Z-24处
N20S1800 F250
N30D22
N40M98P2451             //精铣孔φ50
G0Z100.M9
G28G91X0Y0 M5
G90G49
T7M6                    //钻8×M5螺纹底孔
G0X-35.Y0
S1000 M3
```

```
M8
G43Z50.H7
G99G83Z-13.5 R3.Q1.F80
X-24.749Y24.749
X0Y35.
X24.749Y24.749
X35.Y0
X24.749Y-24.749
X0Y-35.
X-24.749Y-24.749
G0Z100.M9
G28G91X0Y0 M5
G90G49
T8M6                    //8×M5 螺纹底孔口倒角
G0X-35.Y0
S1200 M3
M8
G43Z50.H8
G99G81Z-0.6R3.Q1.F300
X-24.749Y24.749
X0Y35.
X24.749Y24.749
X35.Y0
X24.749Y-24.749
X0Y-35.
X-24.749Y-24.749
G0Z100.M9
G28G91X0Y0 M5
G90G49
T9M6                    //钻 $\phi$13 孔至 $\phi$12.8
G0X-60.Y0
S550 M3
M8
G43Z50.H9
G99G83Z-52.8R3.Q2.F100
X60.
G0Z100.M9
G28G91X0Y0 M5
G90G49
T10M6                   //铰孔 $\phi$13
G0X-60.Y0
S80 M3
M8
```

```
G43Z50.H10
G99G85Z-48.R3.F35
X60.
G0Z100.M9
G28G91X0Y0 M5
G90G49
M30
%
```

2. M36 螺纹加工

工件翻转后，主程序为 O2460，M36 孔口铣倒角与铣 φ50 孔共用一个子程序 O2451，铣螺纹的子程序为 O2461。

铣螺纹时，螺纹梳刀刀位点先到达孔底并超出孔底一个螺距 P，然后刀具沿 Z 轴自下而上进给，同时在圆周方向做逆时针进给。为简化编程，本例中在 XY 平面内采用沿径向进退刀路线。由于螺纹孔较深，约为 27(40/1.5≈27) 个螺距，在 Z 轴方向需要分层切削。螺纹梳刀圆周进给一周后，退刀并在 Z 轴方向抬高 7 个螺距，然后再次进刀铣螺纹，如此往复四次，即 O2461 需要被重复调用四次。铣螺纹时的走刀路线如图 2-107 所示。

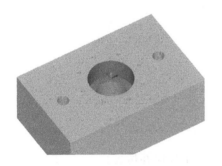

图 2-106　底面孔加工仿真

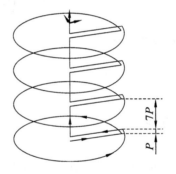

图 2-107　铣螺纹走刀路线

```
O2461
G1G41G91X18.Y0D11
G3I-18.Z1.5
G1G40X-18.
G1Z10.5                    //抬高7个刀齿高度
G90
M99

O2460
T8M6
G0G90G55X5.Y0
S1000 M3
M8
G43Z50.H8
```

```
Z10.
G1Z6.F300
D8
M98P2451                    //铣 M36 孔口倒角
G0Z100.M5
G28G91X0Y0M9
G90G49
T11M6
G0G90X0.Y0
S600 M3
M8
G43Z50.H11
Z10.
Z0
Z-41.5
F100
M98P42461                   //铣螺纹 M36
G0Z100.M5
G28G91X0Y0M9
G90G49
M30
```

思考与练习

1. 用 G83 指令编写如图 2-108 所示的孔的加工程序并仿真。

2. 加工如图 2-109 所示内螺纹，表面粗糙度要求为 $Ra3.2$，毛坯为 $80 \times 80 \times 20$ 的铝块，各侧面已加工完毕。要求：

（1）合理选择刀具及切削用量；

（2）确定工件的装夹方案；

（3）填写工序单；

（4）合理绘制走刀路线；

（5）编写数控程序,需要使用子程序功能,刀具半径补偿功能；

（6）用 CIMCO Edit 软件对数控程序仿真。

3. 加工如图 2-110 所示的孔系,毛坯为 $160 \times 160 \times 15$ 的方块,各侧面已加工完毕。要求：

（1）合理选择刀具及切削用量；

（2）确定工件的装夹方案；

（3）合理制定工艺路线并填写工序单；

（4）合理确定各孔加工循环指令所对应的参数并填写参数表；

(5) 编写数控程序；
(6) 对数控程序仿真。

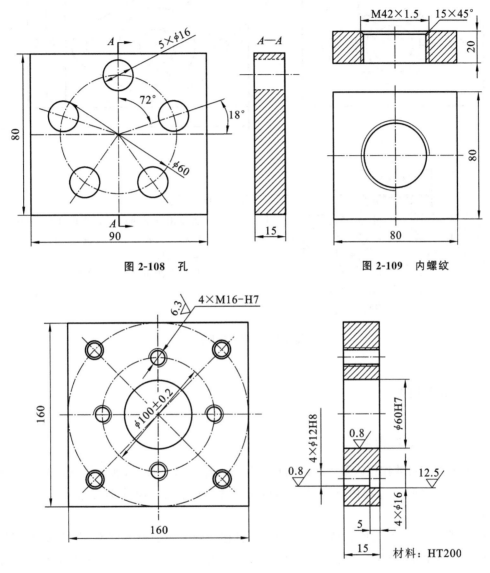

图 2-108　孔　　　　　　　图 2-109　内螺纹

图 2-110　孔系

项目 2.5　加工中心综合实例

2.5.1　项目描述

如图 2-111 所示，毛坯材料为 45 钢，调质状态，毛坯尺寸为 171×111×65，毛坯为六个表面均已粗加工的半成品。

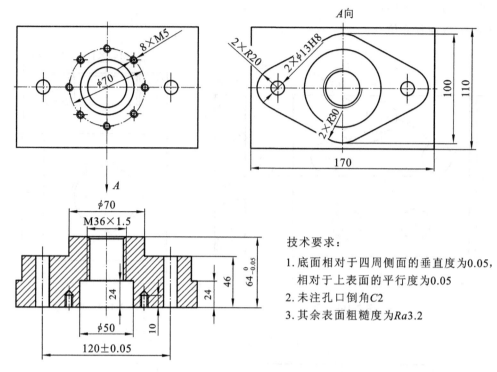

图 2-111 综合零件图

2.5.2 编程基础

一、选刀、换刀指令

加工中心相对数控铣床最大的区别在于具备刀库及换刀装置,换刀过程由数控程序控制。加工中心的换刀过程由选刀和换刀两部分组成,分别对应着选刀指令 T 和换刀指令 M6。

执行到 T 指令后,刀库自动将需选用的刀具移动到固定的换刀位置,完成选刀过程,为下面换刀做好准备;当执行 M6 指令时开始自动实施换刀,将主轴上的刀具与 T 指令选择的刀具进行交换。

根据加工中心有无换刀机械手,可将其换刀方法分为两种,对应的编程格式也有两种,如表 2-22 所示。

表 2-22 加工中心换刀编程

	有机械手换刀	无机械手换刀
编程格式	M06 Txx	Txx M06
换刀动作	换刀→预选刀	还刀→选刀→换刀
有无选刀等待时间	无	有

(1) 如当加工中心无换刀机械手时,换刀程序如下:
......
T1 M6   //先将主轴上的刀具还回刀库,刀库再自动将 1 号刀移动到固定的换刀位置,然后将 1 号刀装上主轴
......
T2 M6   //换 2 号刀,过程与 T1 M6 相同
......

(2) 如当加工中心有换刀机械手时,换刀程序如下:
......
T1   //在工件加工过程中,刀库自动将 1 号刀移动到固定的换刀位置
......
M6 T2   //机械手辅助更换 1 号刀,接着预选 2 号刀
......
M6 T3   //换 2 号刀,接着预选 3 号刀
......

二、换刀前自动回参考点指令

多数加工中心都规定了"换刀点"位置,即定距换刀,主轴只有走到这个位置时,机械手才能执行换刀动作,一般加工中心规定换刀点位于参考点处。因此,加工中心在换刀前需返回参考点。需要说明的是大多数加工中心在换刀时只需要 Z 轴方向回参考点即可,并且多数机床的 Z 轴方向回参考点是在执行换刀指令时自动完成的,不必再单调使用回参考点的指令。但为了避免换刀过程中刀具与工件或夹具产生碰撞,一般将主轴在 X、Y 轴方向上也回参考点。

与回参考点相关的指令有 G27、G28、G29 及 G30 等,其中常用的为 G28、G29 指令。

1. G28 回参考点指令

(1) 指令格式:G90(G91) G28 X_ Y_ Z_

(2) 指令说明:X_ Y_ Z_ 为主轴返回参考点的过程中必须经历的中间点坐标值,在 G90 状态时为中间点的绝对坐标;在 G91 状态时为相对于当前点的增量坐标。在程序中指定中间点的目的是防止在从当前点返回参考点的过程中刀具或主轴与工件、夹具等障碍物产生碰撞、干涉,如图 2-112 所示。执行 G28 指令时,各轴先以 G00 的速度快移到程序中指定的中间点位置,然后自动返回参考点。在使用过程中,出于安全性考虑,可先用 G28 Z_抬刀回 Z 轴参考点位置,然后再用 G28 X_Y_回到 X、Y 轴的参考点,如图 2-113 所示。需要注意的是返回参考点前要取消半径补偿。

图 2-114(a)所示为从当前点 A 经由中间点 B 回机床参考点 R 的编程示意图,图 2-114(b)所示为从当前点 A 直接回机床参考点 R 的编程示意图。

下面为换刀前回参考点的编程示例:
......
G28 G91 X0 Y0
T2M6
......

G28 G91 X0 Y0
T3M6
……

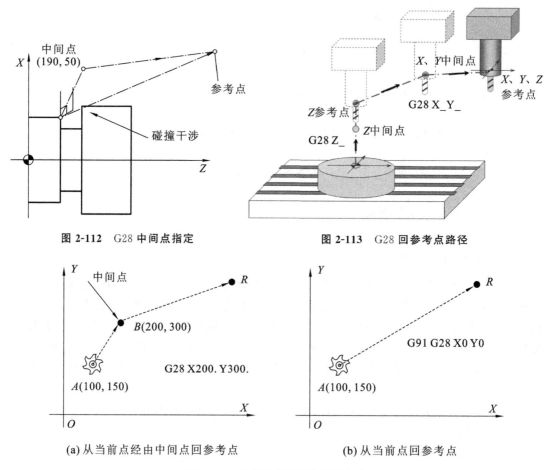

图 2-112　G28 中间点指定　　　　图 2-113　G28 回参考点路径

(a) 从当前点经由中间点回参考点　　(b) 从当前点回参考点

图 2-114　回参考点的两种编程方式

2. G29 从参考点自动返回指令

编程格式：G29 X_ Y_ Z_

这条指令一般紧跟在 G28 指令后使用，指令中的 X_ Y_ Z_ 是执行完 G29 指令后刀具应到达的目标点。它的动作顺序是先从参考点快速到达 G28 指令中的中间点，再从中间点移动到 G29 指令中的目标点。

图 2-115 所示为先从 A 点经中间点 B 返回参考点后换刀，再从参考点经中间点 B 到达 C 点，具体程序如下。

……
G90 G28 X90.Y80.Z150.
T3M6
G90 G29 X50.Y40.Z60.
……

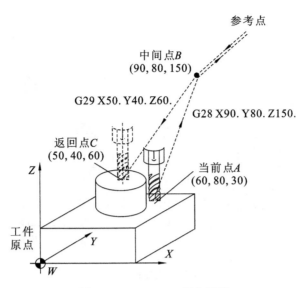

图 2-115　G28、G29 指令示例

三、刀具长度补偿

数控机床在进行 Z 轴控制时，实际上控制的是主轴端面相对于工件的位置，因此与半径补偿一样，需要建立刀具的刀位点相对于主轴端面之间的数值换算关系，所需用到的功能即刀具的长度补偿功能。使用刀具长度补偿后，不同长度的刀具在执行同一个 Z 坐标指令时，刀具的刀位点都会位于该 Z 坐标平面上。这样，在编程时就不必考虑刀具的实际长度，只需在加工前用 MDI 方式输入刀具的长度补偿值，即可正确加工。当由于刀具磨损、更换刀具等原因引起刀具长度尺寸变化时，只要修正刀具长度补偿值，而不必重新调整程序或刀具。

如图 2-116(a)所示，假定 1、2、3 号刀具的实际长度分别为 $L1$、$L2$、$L3$ 且 $L3>L2>L1$，以 1 号刀作为标准刀具去确定工件坐标系的 $Z0$ 偏置。此时，当每一把刀具都分别执行"G1Z0"指令时，1 号刀的刀位点刚好与工件的 $Z0$ 平面重合，而 2、3 号刀具的刀位点却会扎入 $Z0$ 平面下方；使用长度补偿功能后，则在执行"G1Z0"时，可保证每一把刀具的刀位点都会与工件的 $Z0$ 平面重合，如图 2-116(b)所示。

1. 指令格式

与半径补偿一样，长度补偿也有建立、进行和取消三个阶段。

G01/G0 $\begin{Bmatrix} G43 \\ G44 \end{Bmatrix}$ Z_ H_　　　//建立刀具长度补偿

G1/G0 G49 Z_　　　　　　　//取消刀具长度补偿

2. 指令说明

(1) H_是用来存放刀具长度补偿值的存储地址(简称长度补偿号)，对应长度补偿值大小可以(H_)来表示。(H_)可以为正值，也可以为负值，(H_)的大小与采用的长度对刀方法有关。常用的长度对刀方法有相对对刀法和绝对对刀法两种。

当采用绝对对刀法时，每把刀具长度补偿值都等于该刀具的实际长度；当采用相对对刀法时，将标准刀具的长度补偿值设定为 0，其余刀具的长度补偿值等于该刀具的实际长度减去标准刀具的长度。

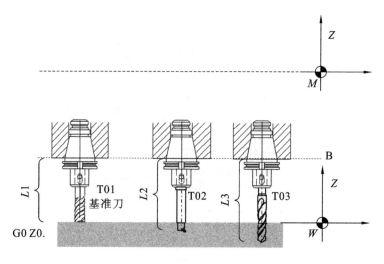

(a) 无刀长补偿功能

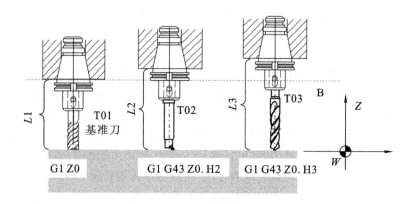

(b) 有刀长补偿功能

图 2-116 刀具长度补偿功能

假设 1、2、3 号刀的实际长度分别为 $L1$、$L2$、$L3$，又设 1、2、3 号刀具的长度补偿号分别为 H1、H2、H3，如图 2-117(a) 所示。当采用绝对对刀法时，则有 (H1)=$L1$、(H2)=$L2$、(H3)=$L3$；当采用相对对刀法时，将 1 号设为标准刀具，其刀长补偿值为 (H1)=0，则 2、3 号刀具的长度补偿值分别为 (H2)=$L2-L1$、(H3)=$L3-L1$，如图 2-117(b) 所示。

(2) G43 表示长度正补偿，执行该指令时主轴端面(或刀位点)相对于程序中给定的 Z 坐标平面会沿 Z 轴正向平移(H_)；G44 表示长度负补偿，执行该指令时主轴端面(或刀位点)会沿 Z 轴负向平移(H_)，如图 2-118 所示。当(H_)设为负值时，正负补偿互换，因此，实际应用中一般只使用 G43。

(3) 取消长度补偿时既可以用 G49 指令，也可以调用补偿号 H00，即 G43H00。

3. 注意事项

(1) 在建立长度补偿时，刀具需要沿 Z 轴直线移动才会有效，但在取消长度补偿时，即使不给 Z 轴移动指令也可能有效。

(2) 为保证安全，在刀具接触工件之前应已建立好长度补偿，在刀具离开工件足够的高

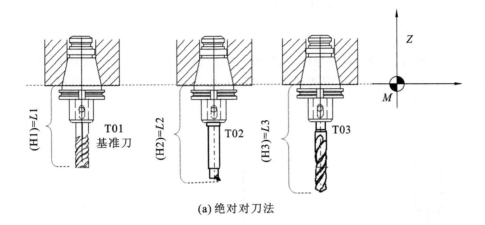

(a) 绝对对刀法

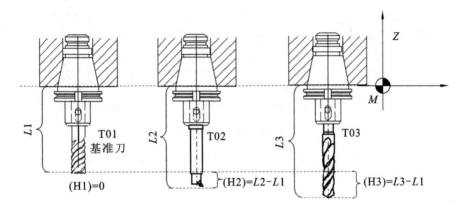

(b) 相对对刀法

图 2-117　刀长对刀方法

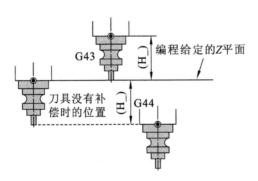

图 2-118　G43、G44 与设置偏置量的运算结果

度（大于长度补偿值）后方可取消长度补偿。

例 2-15　如图 2-119(a)所示，钻削深度为 20 的孔，设钻头的长度补偿号为 H1，并且设 (H1)＝50 mm，刀位点为钻尖，加工程序如下：

……
```
G0 G43 Z20. H1        //到达 A 点
G1 Z-20. F200         //到达 C 点
```

```
N4 G0 Z10.              //抬刀到 B 点
N5 G49
……
```

孔加工完成后,当执行 N4 程序段时,钻尖抬升到 B 点,如图 2-119(b)所示;接着执行 N5 程序段取消长度补偿时,刀具可能会快速向下扎刀,使主轴端面与 B 点重合,这将十分危险,如图 2-119(c)所示。

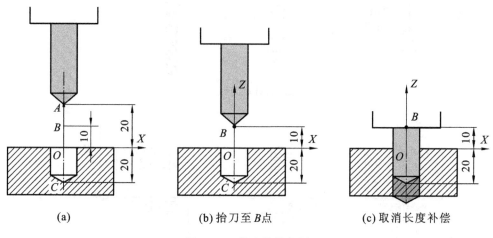

图 2-119　长度补偿示例

(3) 为了安全,在每把刀加工结束或程序段结束时,都应取消刀具长度补偿。
如:
```
……
T1
M6 T2(铣上表面)
G54 G90 G40
G00 G43 Z100. H1
……
G49 Z200.
M6 T3
(铣圆台)
G00 G43 Z100. H2
……
G90 G49 Z200.
M6 T4(钻中心孔)
G00 G43 Z100. H3
……
```

2.5.3　项目实施

一、工艺路线

本项目实际上是本模块各项目内容的综合运用,只是为减少装夹次数、换刀次数,需要

模块 2 数控铣削工艺与编程

按照基准先行、先面后孔、先粗后精的原则对原有工序内容重新组合、排序,先加工工件的下半部分再将工件翻转后加工工件的上半部分,并填写数控加工工序卡。

二、刀具及切削用量的选择

本项目加工所用的刀具可与项目 2.1、项目 2.2 和项目 2.4 所用的刀具相同,只是 φ18 立铣刀切削的表面较多,切削时间较长,实际加工时为保证加工质量,通常需要将粗、精加工刀具分开。本项目中将 φ50 孔、φ70 圆台及菱形凸台的粗、精加工分别用不同的刀具完成,用 φ18 立铣刀粗铣各表面,用 φ16 立铣刀精铣各表面,并填写如表 2-23 所示的刀具卡。

表 2-23 数控加工刀具卡

工序号	工序名称	程序编号	零件名称	零件图号	零件材料
	数铣	O2450、O2460			45
序号	刀具编号	刀具规格名称	刀具材料	长度补偿号	半径补偿号
1	T1	φ63 端铣刀	硬质合金	H1	
2	T2	φ18 立铣刀	硬质合金	H2	D2
3	T3	φ16 立铣刀	硬质合金	H3	D3
4	T4	φ2.5 中心钻	高速钢	H4	
5	T5	φ20 钻头	高速钢	H5	
6	T6	φ34.5 钻头	高速钢	H6	
7	T7	φ4.2 钻头	高速钢	H7	
8	T8	φ16、45°倒角刀	硬质合金	H8	D8 (D8)≈7.1
9	T9	φ12.8 钻头	高速钢	H9	
10	T10	φ13H8 铰刀	高速钢	H10	
11	T11	φ25 螺纹梳刀	硬质合金	H11	D11
编制		审核	批准		共 1 页 第 1 页

表 2-24 数控加工工序卡

工序号	工序名称	程序编号	零件材料	零件名称	零件图号		
	数铣	O2450、O2460	45				
使用设备		夹具名称		量具		车间	
		虎钳					
工步号	工步内容		刀具	切削用量			
				$n/(\text{r/min})$	$F/(\text{mm/min})$	a_p/mm	a_e/mm
1	精铣底面		T1 φ63 端铣刀	500	500	0.5	38
2	各孔位中心钻 φ2.5 中心孔		T4 φ2.5 中心钻	1 000	100		

续表

工步号	工步内容	刀具	切削用量			
			n/(r/min)	F/(mm/min)	a_p/mm	a_e/mm
3	在 ϕ50 孔心处钻通孔至 ϕ20	T5ϕ20 钻头	350	80		
4	在 ϕ50 孔处钻通孔至 ϕ34.5	T6ϕ34.5 钻头	220	70		
5	粗铣孔 ϕ50 至 ϕ49.4	T2ϕ18 立铣刀	1 000	190	6	7.45
6	钻 8×M5 螺纹底孔至 ϕ4.2,孔深 13.5 mm	T7ϕ4.2 钻头	1 000	80		
7	8×M5 螺纹孔口倒角 0.6×45°	T8ϕ16 倒角刀	1 200	300		
8	钻 2×ϕ13H8 孔至 ϕ12.8	T9ϕ12.8 钻头	550	100		
9	铰孔 2×ϕ13H8	T10ϕ13H8 铰刀	80	35		
10	精铣 170×110 侧面及 ϕ50 孔	T3ϕ16 立铣刀	1 800	250	0.3～0.5	0.3～0.5
	工件翻转					
11	粗加工外轮廓	T2ϕ18 立铣刀	1 000	300	6	7
12	精加工外轮廓及 ϕ70 圆台上表面	T3ϕ16 立铣刀	1 800	400	0.3～0.5	
13	M36 螺纹孔口倒角 C2	T8ϕ16 倒角刀	1 200	300		
14	铣 M36×1.5 螺纹	T11 螺纹梳刀	600	100		
编制		审核		批准	共1页	第1页

三、走刀路线及程序编制

1. 零件下半部分加工

按项目 2.1 的方法设定编程坐标系,原点偏置设定在 G54 寄存器下,主程序号设为 O2550。

(1) 工步 1:底平面加工的走刀路线与项目 2.1 中的走刀路线一致,只需将 O2150 中的程序结束代码由"M30"改为"M99"从而转换成子程序即可。

(2) 工步 2 至工步 9:底面孔系加工的走刀路线与项目 2.4 中走刀路线一致,对应程序 O2450 中有两处更改。

① 程序结束代码由"M30"改为"M99";

② 删除原程序中 T2 刀精铣 ϕ50 孔的程序段,即将 N10 至 N40 程序段删除或段前加"//",结果如下:

```
O2450
……
T2 M6              //粗、精铣孔 $\phi$50
……
D2
```

```
M98P42451
            //N10 G91Z5.7
            //N20 S1800 F250
            //N30 D22
            //N40 M98P2451
……
T7 M6       //钻 8×M5 螺纹底孔
……
```

（3）工步 10：①φ50 孔的精铣与粗铣一样调用 O2451 子程序；②T3 刀精铣 170×110 侧面的走刀路线如图 2-120 所示，1→2 建立半径补偿，6→1 取消半径补偿。

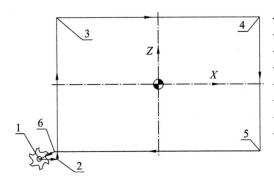

	X	Y
1	-100	-61
2	-85	-61
3	-85	55
4	85	55
5	85	-55
6	-87	-55

图 2-120 精铣 170×110 侧面的走刀路线

（4）工件下半部分加工主程序。

综上所述，可得加工工件下半部分的程序为：

```
O2550
T1 M6
G43 Z100. H1
M98 P2150           //精铣底平面
G28 G91 X0 Y0
G90 G49
M98 P2450           //加工底面孔系
T3 M6
G0 X5.Y0
G43 Z50. H3
S1800 M3
Z0.
G1 Z-18. F250
D3
M98 P2451           //精铣孔 φ50
G0 Z50.
N10 X-100.Y-61.    //N10 至 N20 精铣 170×110 侧面
Z5.
```

```
G1 Z-25.
G41 X-85.
Y55.
X85.
Y-55.
X-87.
N20 G40 X-100. Y-61.
G0 Z100. M9
G28 G91 X0 Y0 M5
G90 G49
M30
```

工件下半部分的加工仿真结果如图 2-121 所示。

2. 工件上半部分加工

工件翻转后,编程坐标系 XY 原点设置在工件上表面的对称中心处,Z 向零点设在如图 2-122 所示距离底平面 64 mm 处,工件原点偏置设定在 G55 寄存器下,主程序号设为 O2560。

图 2-121　仿真图

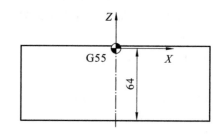

图 2-122　Z 向零点

（1）工步 11:工件上半部分外轮廓的粗加工走刀路线与项目 2.2 中的走刀路线一致,只需将 O2250 中的程序结束代码由"M30"改为"M99",从而转换成子程序即可。

（2）工步 12:工件上半部分外轮廓的精加工编程路线如图 2-123 所示。其中圆台的编程路径为 1→2→3→4,刀具从 3 点开始沿 φ70 圆周切削进给一周;菱形凸台的编程路径为 1→2→……→11→3→12。

（3）精铣 φ70 圆台上表面的走刀路线略。

（4）工步 13、14:M36 螺纹的走刀路线与项目 2.4 中的走刀路线一致,只需将 O2460 中的程序结束代码由"M30"改为"M99",从而转换成子程序即可。

（5）加工工件上半部分主程序。

综上所述,可得加工工件上半部分的程序为:

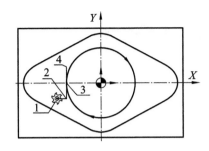
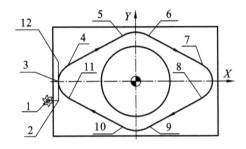

	X	Y
1	-45	-5
2	-35	-5
3	-35	0
4	-35	5

	X	Y
1	-90	-5
2	-80	-5
3	-80	-0
4	-69.245	17.735
5	-13.867	46.602
6	13.867	46.602
7	69.245	17.735
8	69.245	-17.735
9	13.867	-46.602
10	-13.867	-46.602
11	-69.245	-17.735
12	-80	5

图 2-123　外轮廓精加工走刀路线

```
O2560
T2M6
G43 Z100. H2
M98 P2250              //粗铣轮廓
G28G91X0Y0
G90G49
T3 M6
G0X50.Y0
G43Z50.H3
S1800M3
Z5.
G1Z0 F400
N10 X34.               //N10 至 N20 铣 φ70 圆台上表面
G2 I-34.
G1 X18.
N20G2 I-18.
G0 Z5.
N30X-45. Y-5.          //N30 至 N40 精铣 φ70 圆台侧面
Z-15.
G1 Z-18.
G41 X-35.D3
Y0
G2 I35.
N40G1 Y5.
```

```
G0 Z5.
N50G40 X-90. Y-5.              //N50 至 N60 精铣菱形侧面
Z-35.
G1 Z-40.
G41 X-80.
Y0
G2 X-69.245 Y17.735 R20.
G1 X-13.867Y46.602
G2X13.867 R30.
G1X69.245 Y17.735
G2 X69.245 Y-17.735 R20.
G1 X13.867 Y-46.602
G2X-13.867 R30.
G1X-69.245 Y-17.735
G2 X-80. Y0 R20.
N60G1 Y5.
G0Z100.M9
G40
G28G91X0Y0 M5
G90G49
M98 P2460                      //M36 螺纹加工
M30
```

思考与练习

说明:本项目的思考与练习题均需按如下要求完成。

(1) 合理确定工艺路线。

(2) 合理选择刀具及切削用量。

(3) 确定工件的装夹方案。

(4) 填写数控加工刀具卡和数控加工工序卡。

(5) 合理绘制各工步的走刀路线并标注出相应的点位坐标。

(6) 编写数控程序,合理使用刀具长度及半径补偿功能、子程序功能等。

(7) 数控程序仿真。

1. 工件如图 2-124 所示,毛坯材料为 45 钢,调质状态,毛坯尺寸为 65×50×22,毛坯的六个表面均已加工。现需要对零件的其余表面进行加工,各加工表面的表面粗糙度要求均为 $Ra3.2$。

2. 工件如图 2-125 所示,材料为 LY12。毛坯是尺寸为 102×102×22 的方坯,毛坯各表面已铣削加工过。

3. 工件如图 2-126 所示,材料为 45 钢,调质状态。毛坯是尺寸为 161×101×26 的方

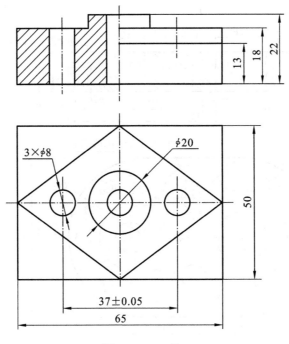

图 2-124 工件 1

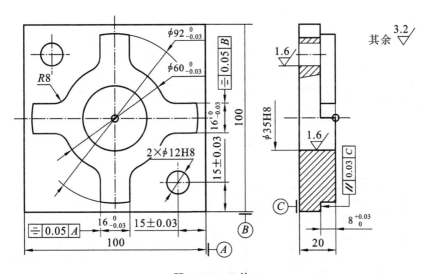

图 2-125 工件 2

坯,毛坯各表面已铣削加工过。

4. 工件如图 2-127 所示,材料为 45 钢,调质状态。毛坯是尺寸为 81×81×16 的方坯,毛坯各表面已粗铣过。

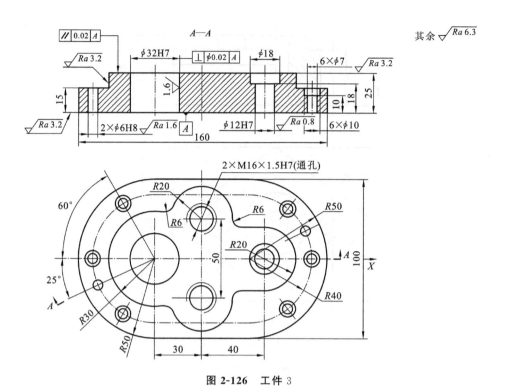

图 2-126　工件 3

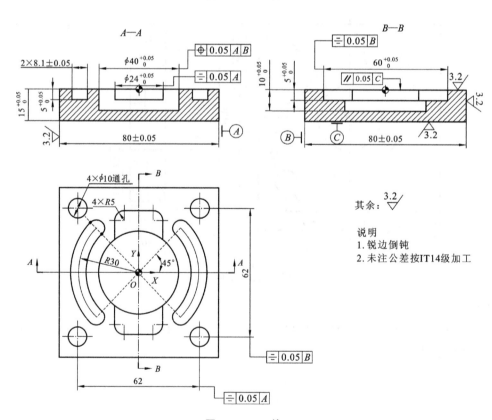

图 2-127　工件 4

5. 加工如图 2-128 所示工件,已知该零件的毛坯为 $100\times80\times26$ 的坯料,底面和四个轮廓面均已加工好,材料为 45 钢,调质状态。

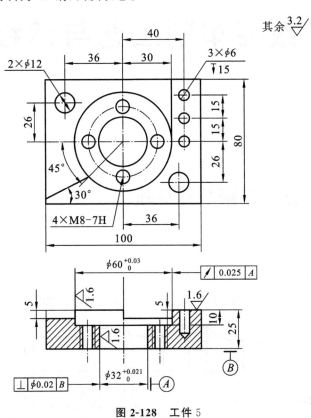

图 2-128 工件 5

模块 3　数控车削工艺与编程

项目 3.1　数控车削编程基础

一、数控车刀

1. 常用的数控车刀

数控车削工艺范围广泛,所需的车刀种类繁多,常见的车刀如图 3-1 所示。

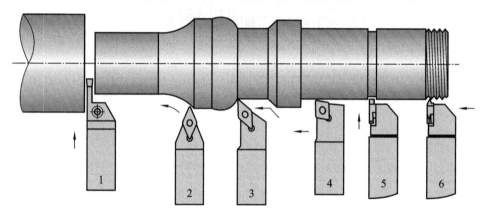

(a) 外圆车削刀具

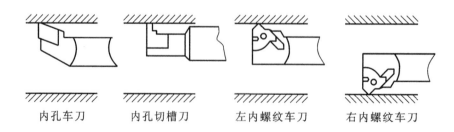

(b) 内孔车削刀具

图 3-1　常用车刀和用途

1—切断刀；2—外圆尖刀；3—仿形车刀；4—外圆车刀；5—切槽刀；6—外螺纹车刀；

2. 机夹可转位车刀刀片的选用

可转位刀片的选择包括刀片材料的选择、刀片尺寸的选择、刀片形状的选择及刀片几何参数的选择等。

1) 刀片材料

选择刀片材料的主要依据包括工件材料、被加工表面的质量要求、切削载荷的大小以及切削过程中有无冲击和振动等。应用最多的是硬质合金刀片。

2) 刀片尺寸

刀片尺寸的大小取决于必要的有效切削刃长度 L。有效切削刃长度指的是实际参与切削的刃长,其与背吃刀量 a_p 和主偏角 K_r 有关,如图 3-2 所示。$L=a_p/\sin K_r$。一般刀片的边长 l 与 L 间的关系为:

$$L_{\max}=(0.25\sim0.5)l \text{ 或 } L_{\max}=0.4d \qquad (3-1)$$

式中:l 为刀片的边长;d 为圆形刀片直径。

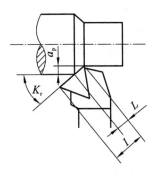

图 3-2 K_r、a_p 和 L 之间的关系

3) 刀片形状

刀片形状主要依据被加工工件的表面形状和尺寸、切削方法、刀具寿命和刀片的转位次数等因素选择。

如图 3-3 所示,刀尖角越大,刀片强度越大,切削温度分布也更加分散,除了会增加吃刀抗力外,一般是有利的。在机床刚度、功率允许的条件下,大余量、粗加工应选择刀尖角较大的刀片,反之选择刀尖角较小的刀片。

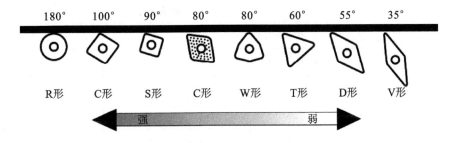

图 3-3 刀片形状与刀片强度的关系

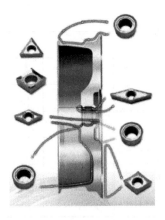

图 3-4 刀片形状与工件表面形状的关系

刀片形状的选择还与被加工工件的表面形状和尺寸有关。如图 3-4 所示,一般外圆、端面车削常用 T 形、S 形和 C 形刀片,仿形加工常用 D 形、V 形和圆形刀片。

其中,正三角形刀片(T 形)可用于主偏角为 60°或 90°的外圆车刀、端面车刀和内孔车刀等。此刀片刀尖角小、强度差、耐用度低,故只宜用较小的切削用量。正方形刀片(S 形)的刀尖角为 90°,比正三角形刀片的刀尖角要大,因此其强度和散热性能均有所提高。这种刀片通用性较好,主要用于主偏角为 45°、60°、75°等外圆车刀、端面车刀和镗孔刀等。

4）刀片后角

一般粗加工、半精加工可用 N 形刀片；半精加工、精加工可用 C 形、P 形刀片，也可用带断屑槽形的 N 形刀片。

5）刀尖半径

一方面，刀尖半径的大小直接影响切削效率和被加工零件的加工质量；另一方面，刀尖半径对刀具耐用度也有较大影响。当进行精加工、细长轴加工或机床刚度较差时，为减小切削力必须选择较小的刀尖半径；当进行工件表层有黑皮的切削、断续切削、大直径工件的粗加工或机床刚度较好时，为提高刀具强度，须选择较大的刀尖半径。刀尖半径的适宜值一般为进给量的 2~3 倍。

二、车削用量的选择

一般情况下，如工艺系统刚度允许，粗车时在保留半精车、精车余量后，应尽量将粗车余量一次切除。如果总加工余量太大，则可分成两次或多次粗车。但第一刀背吃刀量应尽量大，以防止刀尖与毛坯表面硬皮、沙眼等缺陷接触，从而延长刀具的使用寿命。

硬质合金车刀切削进给量及切削速度可参考表 3-1、表 3-2 和表 3-3。

表 3-1 硬质合金车刀粗车外圆及端面的进给量

工件材料	刀杆尺寸 /mm	工件直径 /mm	背吃刀量/mm				
			≤3	3~5	5~8	8~12	>12
			进给量 f/(mm/r)				
碳素结构钢、合金结构钢及耐热钢	16×25	20	0.3~0.4				
		40	0.4~0.5	0.3~0.4			
		60	0.5~0.7	0.4~0.6	0.3~0.5		
		100	0.6~0.9	0.5~0.7	0.5~0.6	0.4~0.5	
		400	0.8~1.2	0.7~1.0	0.6~0.8	0.5~0.6	
	20×30 25×25	20	0.3~0.4				
		40	0.4~0.5	0.3~0.4			
		60	0.5~0.7	0.5~0.7	0.4~0.6		
		100	0.8~1.0	0.7~0.9	0.5~0.7	0.4~0.7	
		400	1.2~1.4	1.0~1.2	0.8~1.0	0.6~0.9	0.4~0.6
铸铁及铜合金	16×25	40	0.4~0.5				
		60	0.5~0.8	0.5~0.8	0.4~0.6		
		100	0.8~1.2	0.7~1.0	0.6~0.8	0.5~0.7	
		400	1.0~1.4	1.0~1.2	0.8~1.0	0.6~0.8	

续表

工件材料	刀杆尺寸 /mm	工件直径 /mm	背吃刀量/mm ≤3	3~5	5~8	8~12	>12
			进给量 f/(mm/r)				
铸铁及铜合金	20×30 25×25	40	0.4~0.5				
		60	0.5~0.9	0.5~0.8	0.4~0.7		
		100	0.9~1.3	0.8~1.2	0.7~1.0	0.5~0.8	
		400	1.2~1.8	1.2~1.6	1.0~1.3	0.9~1.1	0.7~0.9

注:1. 加工断续表面及有冲击的工件时,表内进给量应乘系数 $K=0.75\sim0.85$。

2. 在无外皮加工时,表内进给量应乘系数 $K=1.1$。

3. 加工耐热钢及其合金时,进给量不大于 1 mm/r。

4. 加工淬硬钢时,进给量应减小。当钢的硬度为 44~56 HRC 时,乘系数 $K=0.8$;当钢的硬度为 57~62 HRC 时,乘系数 $K=0.5$。

5. 可转位刀片的允许最大进给量不应超过其刀尖圆弧半径数值的 80%。

表 3-2 硬质合金外圆车刀半精车的进给量(参考值)

工件材料	表面粗糙度 Ra/μm	切削速度范围 V_c/(m/min)	刀尖圆弧半径 $r_ε$/mm 0.5	1.0	2.0
			进给量/(mm/r)		
铸铁、青铜、铝合金	5~10	不限	0.25~0.4	0.4~0.5	0.5~0.6
	2.5~5		0.15~0.25	0.25~0.4	0.4~0.6
	1.25~2.5		0.10~0.15	0.15~0.2	0.2~0.35
碳钢及合金钢	5~10	低于50	0.3~0.5	0.45~0.6	0.55~0.7
		高于50	0.4~0.55	0.55~0.65	0.65~0.7
	2.5~5	低于50	0.18~0.25	0.25~0.3	0.3~0.4
		高于50	0.25~0.3	0.3~0.35	0.3~0.5
	1.25~2.5	低于50	0.1	0.11~0.15	0.15~0.22
		50~100	0.11~0.16	0.16~0.25	0.25~0.35
		高于100	0.16~0.20	0.20~0.25	0.25~0.35

表 3-3 硬质合金外圆车刀常用切削速度(参考值)

工件材料	热处理状态	a_p 为 0.3~2 mm f 为 0.08~0.3 mm/r	a_p 为 2~6 mm f 为 0.3~0.6 mm/r	a_p 为 6~10 mm f 为 0.6~1 mm/r
		切削速度/(m/min)		
低碳钢、易切钢	热轧	140~180	100~120	70~90

续表

工件材料	热处理状态	a_p 为 0.3~2 mm f 为 0.08~0.3 mm/r	a_p 为 2~6 mm f 为 0.3~0.6 mm/r	a_p 为 6~10 mm f 为 0.6~1 mm/r
		切削速度/(m/min)		
中碳钢	热轧	130~160	90~110	60~80
	调质	100~130	70~90	50~70
合金结构钢	热轧	100~130	70~90	50~70
	调质	80~110	50~70	40~60
工具钢	退火	90~120	60~80	50~70
灰铸铁	HBS<190	90~120	60~80	50~70
	HBS=190~250	80~110	50~70	40~60
高锰钢 WMn13%			10~20	
铜及铜合金		200~250	120~180	90~120
铝及铝合金		300~600	200~400	150~200
铸铝合金 WSi13%		100~180	80~150	60~100

三、车削编程基础

1. 数控车床坐标系

数控车床坐标系是以机床原点为坐标系原点建立起来的 ZOX 直角坐标系。其中，Z 轴与主轴轴线重合，其正向为刀具远离卡盘的方向；X 轴在工件的径向上，其正向为刀具远离工件的方向。数控车床的刀架有前置和后置两种形式，其 X 轴的正方向与刀架的位置有关，如图 3-5 所示。

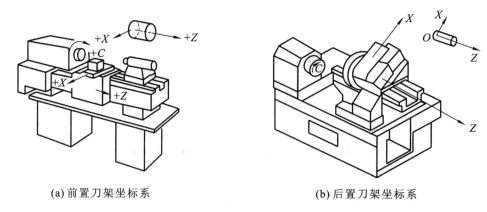

(a) 前置刀架坐标系　　　　　　　(b) 后置刀架坐标系

图 3-5　数控车床坐标系

注意：不论数控车床的刀架位置是后置的或前置的，都可以统一按后置刀架的坐标系编程，这会使得编程更加方便。

2. 工件坐标的设定

（1）通过刀具起始点来设置工件坐标系。

编程格式：G50 X_ Z_

式中，X、Z 分别为执行此程序段时刀位点相对于工件坐标原点的位置。G50 的使用方法与数控铣床编程指令 G92 类似。

建立如图 3-6 所示的工件坐标系的程序段如下。

当以工件左端面为工件原点（O_1）时：
G50 X200. Z260.

当以工件右端面为工件原点（O_3）时：
G50 X200. Z120.

当以卡爪前端面为工件原点（O_2）时：
G50 X200. Z250.

（2）用 G54 至 G59 来预置设定工件坐标系。

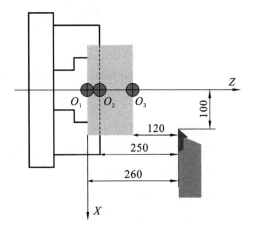

图 3-6 G50 设定工件坐标系

同数控铣床一样，先将工件原点在机床坐标系中的位置预存入 G54 至 G59 中的任一地址下，编程时再调用该地址即可，如图 3-7 所示。

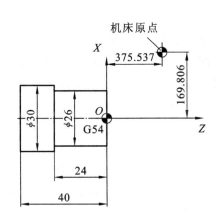

(a) 工件原点位置

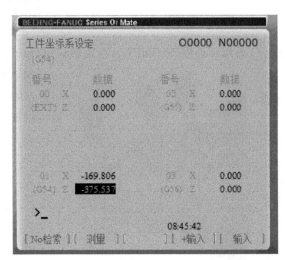

(b) 工件原点预存

图 3-7 工件坐标系设定

3. F、S、T 功能

1) 进给控制指令 F

如图 3-8 所示，数控车床的进给速度控制方式有两种：

① G98 F_ 表示进给量单位是毫米/分（mm/min）。如 G98F120 表示进给量为120 mm/min。

② G99 F_ 表示进给量单位是毫米/转（mm/r），如 G99F0.12 表示进给量为 0.12 mm/r。

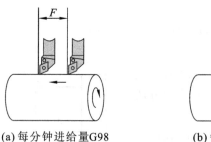

(a) 每分钟进给量 G98　　　(b) 每转进给量 G99

图 3-8　数控车床进给速度控制

2) 主轴转速控制指令 S

数控车床的主轴转速控制方式也有两种：

① G97 S_ 表示主轴恒转速切削，其后的数值单位为转/分（r/min）。如：G97S1200M03 表示主轴转速为 1 200 r/min。

② G96 S_ 表示主轴恒线速度切削，其后的数值单位为米/分（m/min）。如：G96S150M03 表示切削点切削速度为 150 m/min。

G97 指令常用于粗车场合，为系统默认状态；G96 常用于精车及车削端面或轴径变化较大的外圆。

车削时主轴转速与切削线速度的转换关系为：

$$n = \frac{1\,000 v_c}{\pi d} \tag{3-2}$$

式中：v_c 为切削速度（m/min）；n 为主轴转速（r/min）；d 为工件切削点处直径（mm）。

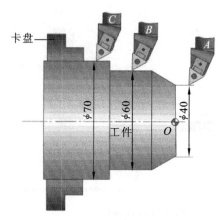

图 3-9　主轴转速和线速度换算示例

例 3-1　如图 3-9 中所示的工件，为保持 A、B、C 各点的线速度均为 150 m/min，则各点在加工时的主轴转速分别为：

$n_A = 1\,000 \times 150 \div (\pi \times 40)$ r/min ≈ 1 193 r/min

$n_B = 1\,000 \times 150 \div (\pi \times 60)$ r/min ≈ 795 r/min

$n_C = 1\,000 \times 150 \div (\pi \times 70)$ r/min ≈ 682 r/min

3) 主轴最高转速限制指令 G50

由上述可知用恒线速度进行切削加工，当刀具逐渐靠近工件中心时，工件切削部位的直径会越来越短，而主轴转速则会越来越高，此时工件有可能因卡盘调整压力不足而飞出，造成严重事故。因此，在使用 G96 指令之前，有时需用 G50 指令来限制主轴最高转速。

编程格式：G50 S_

如 G50 S2500，表示主轴最高转速限定为 2 500 r/min。

4) 刀具功能指令 T

编程格式：T○○××

T指令用于选刀,由地址码 T 和四位数字组成。前两位数字"○○"是刀具号,后两位数字"XX"是刀具补偿号。执行 T 指令时,转动刀架,选用指定的刀具。

如 T0303 表示选用 3 号刀(见图 3-10)且刀具补偿号为 03。

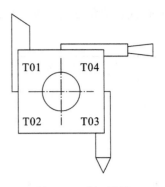

图 3-10 车刀调用

四、数控车床的编程特点

1. 直径编程

数控车削编程时,X 轴的坐标值一般为直径值,以便与零件图样中的径向尺寸标注一致,这样可避免尺寸换算过程中可能造成的错误。

如图 3-11 所示,从 A 点到 G 点的 X 坐标值均为该点处的直径值。

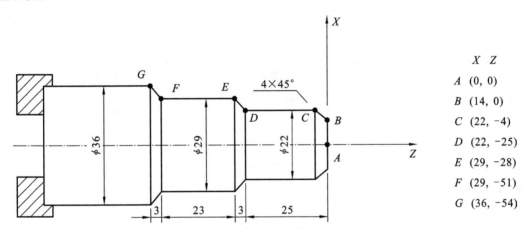

图 3-11 车削时 X 坐标为直径值

是否采用直径编程方式可由编程指令指定,也可由参数设定,一般默认为直径方式。

2. 绝对值编程和增量值编程

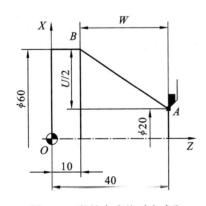

图 3-12 数控车床绝对方式和相对方式编程示例

与数控铣床编程不同,车床绝对值编程和增量值编程不再用 G90 和 G91 指令来指定。数控车床编程时的绝对坐标用 X、Z 表示,增量坐标用 U、W 表示,U、W 分别与 X、Z 轴平行且同向。为减少尺寸换算,在同一个程序段中可以使用绝对方式、相对方式及二者混合方式编程。

如图 3-12 所示,刀具沿着直线 A→B 切削进给,可采用三种编程方式。

绝对编程:G1 X60. Z10.

增量编程:G1 U40. W-30.

混合编程:G1 X60. W-30. 或 G1 U40. Z10.

3. 倒角、倒圆指令 G01

在数控车床编程中，G01 指令除了可进行直线插补，还可以用来进行倒角或倒圆。其编程格式及倒角方式如表 3-4 所示。

表 3-4 G01 倒角、倒圆

类 别	45°倒角(Z→X)	45°倒角(X→Z)	任意角度倒角
编程格式	G01 Z(W)_ I±i	G01 X(U)_ K±k	G01 X_Z_C_
走刀路线			

类 别	45°倒圆(Z→X)	45°倒圆(X→Z)	任意角度倒圆
编程格式	G01 Z(W)_ R±r	G01 X(U)_ R±r	G01 X_Z_R_
走刀路线			

说明：

(1) X(U)、Z(W) 为倒角(倒圆)前两线段交点 b 的坐标值。

(2) i、k、C 代表的是倒角的边长，r 代表圆角半径。

(3) i、k 及 r 均有正负号，其正负由倒角(倒圆)时的走刀方向决定。当刀具向下一根轴的正方向移动时取正；反之，取负。

(4) 倒角(倒圆)功能与系统的版本有关，有些 FANUC 系统不具备倒角(倒圆)功能，有些只有 45°倒角(倒圆)功能。

加工如图 3-13(a)所示工件外轮廓，编程如下：

```
G00 X30. Z5.
G01 Z-35. I4. F0.2 //Z→+X 倒角
X80. K-3. //X→-Z 倒角
Z-60.
```

加工如图 3-13(b)所示工件外轮廓，编程如下：

```
G00 X30. Z5.
G01 Z-35.0 R5.0 F0.2 //Z→+X 倒圆
X80. R-4. //X→-Z 倒圆
Z-60.
```

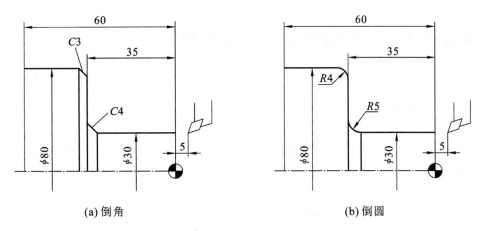

(a) 倒角 (b) 倒圆

图 3-13 G01 编程示例

思考与练习

1. 数控车床的 F 功能和 S 功能各有哪些表示方法？各自的换算关系是什么？各自适用于什么场合？

2. 标注出图 3-14 中 A、B、C、D、E 各点的坐标值。

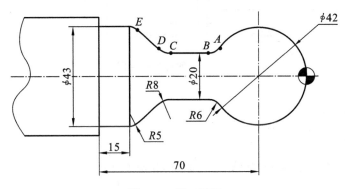

图 3-14 第 2 题图

3. 试分别采用绝对、相对及混合编程的方式编写图 3-15 中 A→…→F 的精车程序。

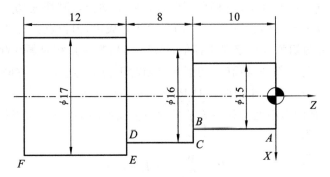

图 3-15 第 3 题图

项目 3.2 阶梯轴加工工艺与编程

3.2.1 项目描述

如图 3-16 所示,工件材料为 45 钢,毛坯尺寸为 $\phi70\times98.5$ 圆棒,现需要加工阶梯轴的右端外轮廓。

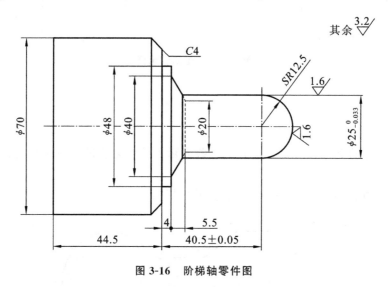

图 3-16 阶梯轴零件图

3.2.2 编程基础

一、外(内)径切削单一形状固定循环指令 G90

指令功能:G90 是单一形状固定循环指令,主要用于轴类零件的外圆、锥面的加工。

指令格式:G90 X(U)_ Z(W)_ R _ F_。

指令动作:如图 3-17 所示,G90 循环指令包含四个动作,即"快速切入(1R)→切削进给(2F)→切削退出(3F)→快速返回(4R)"。四个动作完成后,刀位点会自动返回到循环起点。

指令参数:X、Z 为切削终点绝对坐标值;U、W 为切削终点相对循环起点的坐标增量;F 为切削进给速度;R 为车削圆锥面时,切削起点相对于切削终点在 X 方向上的坐标增量,有正、负号,如图 3-17(b)所示。车削圆柱时 R 为 0,可省略不写。

需要注意的是 R 的大小通常并不等于零件圆锥面两端的半径差,当切削路径与零件圆锥母线平行时,

$$R=\frac{|W|}{2L}\cdot(d_1-d_2) \qquad (3-3)$$

式中:L 为圆锥的高度,d_1 为切削起始端的零件圆锥直径,d_2 为切削终止端的零件圆锥直

模块 3 数控车削工艺与编程

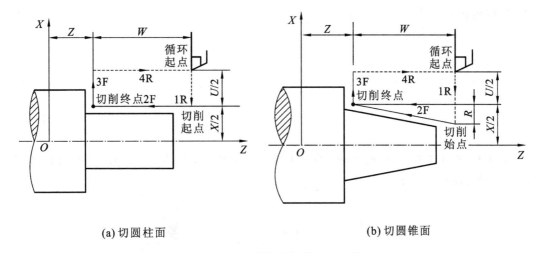

(a) 切圆柱面　　　　　　　　(b) 切圆锥面

图 3-17　G90 循环指令的走刀路线

径，如图 3-18 所示。

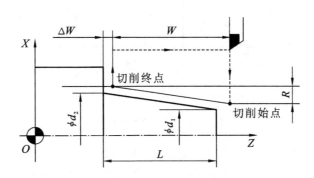

图 3-18　G90 指令中的 R 参数

例 3-2　加工如图 3-19 所示的圆锥面，刀具循环点位于(46,43)，分三层切削。

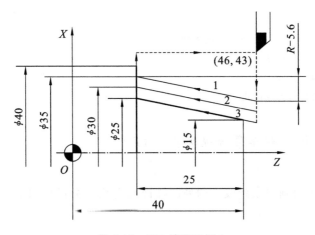

图 3-19　G90 编程示例 1

计算参数 $R=\dfrac{|W|}{2L} \cdot (d_1-d_2)=\dfrac{28}{2\times 25}(15-25)=-5.6$,编程如下:

```
……
G0X46.Z43.
G90X35.W-28.R-5.6   //第1次走刀
X30.   //第2次走刀
X25.   //第3次走刀
……
```

例 3-3 加工如图 3-20 所示的 $\phi 25$ 圆柱面,已知毛坯直径为 $\phi 40$。试用 G90 指令编写该零件的粗、精加工程序。

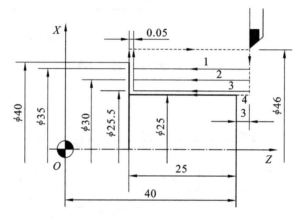

图 3-20 G90 编程示例 2

分析:该工件径向总加工余量为 7.5 mm,精加工时径向余量设为 0.5 mm(直径值),轴向余量设为 0.05 mm。粗加工分 3 层切削,加工余量依次为 2.5 mm、2.5 mm 和 2.25 mm,直径尺寸的变化依次为 $\phi 35 \to \phi 30 \to \phi 25.5$。循环起点位于 (46,43)。编程结果如下:

```
O3210
……
G0 X46. Z43.;
G90 X35. W-27.95 F0.15//粗车,第1次走刀
X30.//粗车,第2次走刀
X25.5//粗车,第3次走刀
X25. W-28.//精车,第4次走刀
……
```

二、毛坯内(外)径粗车复合循环指令 G71

1. 指令功能

G71 指令适用于对轴向余量较大的外圆柱面或内孔面进行粗加工和半精加工,其毛坯往往是圆棒料,如图 3-21 所示。

2. 指令格式

```
G71 U(Δd) R(e)
G71 P(ns) Q(nf) U(Δu) W(Δw) F(f) S(s) T(t)
```

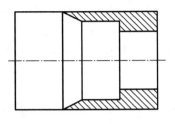
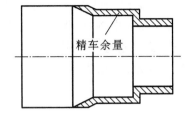

(a) 圆棒料毛坯　　　　　　(b) 执行G71后带有精车余量的工件

图 3-21　G71 指令功能

$$N_{ns}\cdots\cdots$$
$$\cdots\cdots$$
$$\cdots\cdots$$
$$N_{nf}\cdots\cdots$$

3. 指令动作

如图 3-22 所示，指令运行前刀具先到达循环起点 A，然后完成下述动作。

（1）刀具依据给定的 Δd、e 在 X 轴方向上按矩形轨迹循环分层切削，完成粗车；

（2）最后一次切削沿半精车轮廓连续走刀，留有精车余量 Δu、Δw；

（3）指令运行结束时，刀具自动返回循环起点 A。

4. 指令参数

运用 G71 指令编程时只需指定粗加工背吃刀

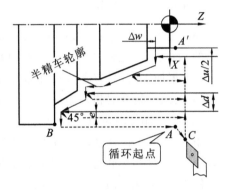

图 3-22　G71 循环指令的走刀路线

量、精加工路线和精加工余量等条件，系统便能自动算出粗加工走刀路线。在指令格式中用六个参数来描述这三个条件。

Δd——沿 X 向分层的切削深度（半径值）。

e——每次沿 X 向退刀量（半径值，无正负号）。

ns——精加工路线第一个程序段的序号。

nf——精加工路线最后一个程序段的序号。

Δu——G71 执行完成后 X 方向精加工余量（直径值，有正负，一般取 0.2～0.5）。

Δw——G71 执行完成后 Z 方向精加工余量（有正负，一般取 0.05～0.1）。

另外，f、s、t 为粗加工时的 F、S、T 指令；N_{ns} 至 N_{nf} 为轮廓精加工时的程序段。

5. 指令说明

（1）循环起点的确定。

车削时，所有循环起点的确定主要考虑毛坯的加工余量、进退刀路线等。一般选择在距离毛坯轮廓 1～2 mm、端面 1～2 mm 即可，不宜太远，以减少空行程，提高加工效率，如图 3-23 所示。当加工内孔时还要保证刀具进退刀均在工艺孔内而不会撞刀，又要考虑起点的 X 方向不能离工艺孔内壁（毛坯）太远。

(2) P(ns)、Q(nf)须与精加工路径起、止顺序号 N_{ns}、N_{nf} 相对应,否则不能进行加工。

(3) 精加工路径中 N_{ns} 的程序段必须沿着 X 向进刀,不能出现沿 Z 轴运动的指令,即图 3-24 中的 AA′ 必须垂直于 Z 轴。如当 A 点位于(40,3)时,程序"N_{ns} G00 X10.0"正确而"N_{ns} G00 X10.0 Z1.0"则错误。

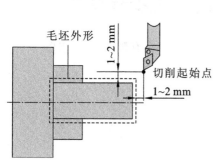

图 3-23 车削外圆时的循环起点　　图 3-24 G71 指令的编程路径

(4) 在 N_{ns} 至 N_{nf} 程序段中不能调用子程序,且当用恒线速度控制时,N_{ns} 至 N_{nf} 程序段中指定的 G96、G97 无效,应在 G71 程序段以前指定。

(5) 粗加工时,只有含在 G71 程序段中的 F、S、T 功能才有效,而包含在 N_{ns} 至 N_{nf} 程序段中的 F、S、T 指令对粗车循环无效。精加工时处于 N_{ns} 至 N_{nf} 程序段之间的 F、S、T 有效。

(6) G71 循环时可以进行刀具位置补偿但不能进行刀尖半径补偿。因此在 G71 指令前必须用 G40 指令取消原有的刀尖半径补偿。在 N_{ns} 至 N_{nf} 程序段中可以含有 G41、G42 指令,但只对工件精车轨迹进行刀尖半径补偿。

例 3-4　应用 G71 指令编写如图 3-25(a)所示工件的数控程序,参数如表 3-5 所示,程序为 O3215,该程序的仿真结果如图 3-25(b)所示。

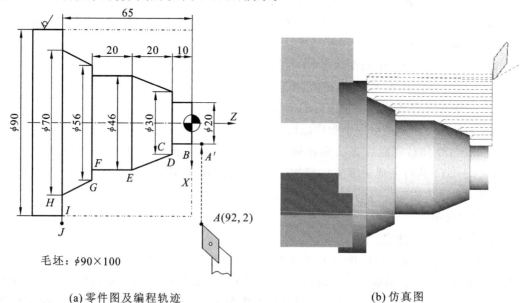

(a) 零件图及编程轨迹　　(b) 仿真图

图 3-25　G71 指令示例

表 3-5　G71 循环参数表

循环起点	Δd	e	ns	nf	Δu	Δw	F
(92,2)	4	2	10	20	0.5	0.1	60

```
O3215
G98 M03 S800
G0 X92.Z2.       //循环起点 A 距离毛坯外圆 1 mm,端面 2 mm
G71 U4. R2.      //每一层切深为 4 mm(半径值),退刀量为 2 mm(半径值)
G71 P10 Q20 U0.5 W0.1 F60//调用精加工路线 N10→N20 程序段;指定循环参数
N10 G0 X20.//刀具到达 A'点,AA'须与 X 轴平行
    G1 Z-10.F40  //刀具到达 C 点,F40 对粗加工无效,精加工时的进给量为 40 mm/min
    X30.         //刀具到达 D 点
    X46.W-20.    //刀具到达 E 点
    W-20.        //刀具到达 F 点
    X56.         //刀具到达 G 点
    X70.Z-65.    //刀具到达 H 点
N20 X91.         //刀具到达 J 点,保证轮廓完整切削
G0X150.Z100.
M5
M30
```

在上述程序中,若刀具从 A 点直接到达 B 点,即将 N10 程序段改为"N10 G00 X20. Z0",则会出现错误。

6. 注意事项

(1) G71 指令所加工零件轮廓外形必须是 X、Z 向同时单调递增或单调递减的形式,否则在凹形轮廓区域不会分层切削,而是在最后一次半精加工走刀时沿轮廓切削,此时可能会由于切削余量过大而损坏刀具。如图 3-26 所示,A→B 轮廓形状没有单调变化,无论凹槽有多深,G71 指令都不会对其分层多次走刀,会在最后一刀半精加工时沿着图中的虚线路径一次切削凹槽,此时可能损坏刀具。

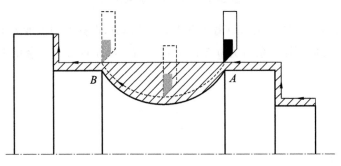

图 3-26　G71 指令切凹槽

(2) Δu 和 Δw 有正负之分,在进行外轮廓加工时,Δu 取正,在进行内轮廓加工时,Δu 取负值;从 Z 轴正向往负向走刀,Δw 取正值,从 Z 轴负向往正向走刀,Δw 取负值。图 3-27 中给出

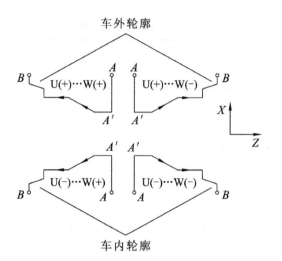

图 3-27 G71 指令中 U(Δu) 和 W(Δw) 的符号

了四种切削模式下 Δu 和 Δw 的符号判断。

例 3-5 应用 G71 指令编写如图 3-28 所示零件的内轮廓加工程序,毛坯已预先钻出 $\phi 18$ 内孔。

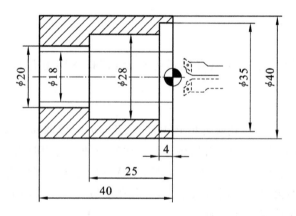

图 3-28 G71 车内轮廓示例

将循环起点设置在直径为 $\phi 17$,距离端面 2 mm 的地方,选择切削深度为 1 mm(半径值),退刀量为 0.5 mm;X 方向精加工余量为 0.5 mm(直径值),Z 方向精加工余量为 0.03 mm。程序如下:

```
O3220
T0202 S800 F0.15
G00 X17. Z2.
G71 U1. R0.5
G71 P10 Q11 U-0.5 W0.03//切内孔时 Δu 需取负值,Δu=-0.5,即 U-0.5
N10 G00 X35.
    G01 Z-4. F0.1
    X28.
```

```
         Z-25.
         X20.
         Z-42.
   N11 G01 X17.
   G0 X100. Z100.
   M5
   M30
```

三、精加工循环指令 G70

1. 指令功能

切除用 G71 指令粗加工后留下的余量，完成精加工，如图 3-29 所示。

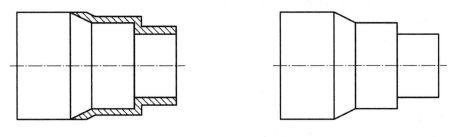

(a) 用G71指令加工后的半成品　　　　(b) 用G70指令加工后的零件

图 3-29　G70 指令功能

2. 指令格式

$$G70\ P(ns)\ Q(nf)$$

式中，ns 为精加工路线第一个程序段的序号；nf 为精加工路线最后一个程序段的序号。

3. 指令动作

刀具按 N_{ns} 至 N_{nf} 程序段指定的精车路线进行一次连续切削，指令运行结束后刀具返回循环起点 A，如图 3-30 所示。

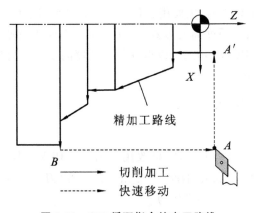

图 3-30　G70 循环指令的走刀路线

4. 指令说明

G70 应与粗加工指令 G71、G72、G73 配合使用；精加工时，G71、G72、G73 程序段中的 F、S、T 指令无效，只有在 N_{ns} 至 N_{nf} 程序段中的 F、S、T 才有效。

例 3-6 编写如图 3-25 所示零件的粗、精加工程序。只需在 O3215 中的 N20 程序段后添加一行代码 G70 P10 Q20 即可。结果如下：

```
O3225
G98 M03 S800
G0 X92. Z2.
G71 U4. R2
G71 P10 Q20 U0.5 W0.1 F60
N10 G0 X20.
    G1 Z-10.F40 //F40粗加工无效,精加工有效
    X30.
    X46.W-20.
    W-20.
    X56.
    X70.Z-65.
N20 X91.
G70 P10 Q20//调用N10至N20程序段进行精加工
G0X150.Z100.
M5
M30
```

3.2.3 工艺基础

一、常用的外圆车刀

常用的外圆车刀及使用场合可参考图 3-31。其中 45°车刀刀头和刀尖部分强度较高，较适合粗车外圆、端面和倒角；91°（或 90°）车刀车外圆时，径向切削分力较小，较适合加工细长轴；93°车刀刀尖强度相对较弱，主要用于仿形加工；95°车刀通用性好。

粗车时，要选强度高、耐用度高的刀具，以便满足粗车时大背吃刀量、大进给量的要求；精车时，要选精度高、耐用度高的刀具，以保证加工精度的要求。另外，为减少换刀时间和方便对刀，应尽量采用机夹可转位车刀。

二、车削时的走刀路线

1. 进退刀路线

（1）进刀时，先快速走刀接近工件，再改用切削进给切入工件。粗车时，切削起点一般选择在距离毛坯轮廓外 1～2 mm、端面 1～2 mm 即可，以刀具快速走到该点时刀尖不与工件发生碰撞为原则，此时空行程路线较短。

（2）退刀时，先工进退出至工件附近，再快速退刀。刀具加工的零件部位不同，退刀路线也不相同，如图 3-32 所示。一般先沿 X 轴退刀，后沿 Z 轴退刀。在孔内径向退刀时要防

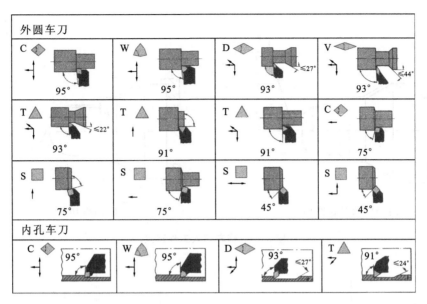

图 3-31　外圆及内孔车刀

止刀杆与孔壁之间发生碰撞。

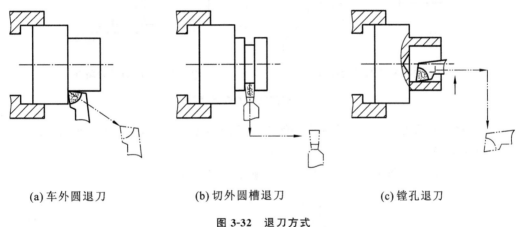

(a) 车外圆退刀　　　　(b) 切外圆槽退刀　　　　(c) 镗孔退刀

图 3-32　退刀方式

（3）精车时,尽量不要沿加工轮廓的法线切入、切出工件,而应沿轮廓的延长线或圆弧切入、切出工件,如图 3-33 所示。

2. 切削进给路线

1）车圆柱面的进给路线

① 轴类零件（长径比较大的零件）通常采用沿 Z 轴方向切削加工,X 轴方向进刀、退刀的矩形循环进给路线,如图 3-34(a)所示。

② 盘类零件（长径比较小的零件）可采用沿 X 轴方向切削加工,Z 轴方向进刀、退刀的矩形循环进给路线,如图 3-34(b)所示。

2）车圆锥面的进给路线

① 阶梯形车削圆锥路线。

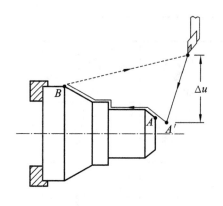
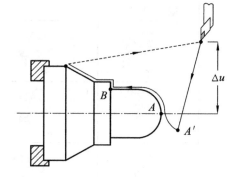

(a) 沿轮廓延长线切入　　　　　　　(b) 圆弧切入

图 3-33　精车切入工件路线

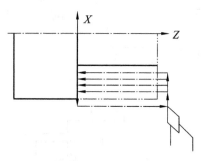
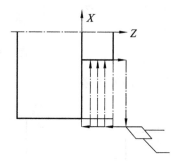

(a) 轴类零件的进给路线　　　　　　(b) 盘类零件的进给路线

图 3-34　车圆柱面的进给路线

图 3-35(a)所示为车圆弧的阶梯形切削路线，先粗车成阶梯形，最后再精车出锥面。

② 等距偏移法车削圆锥路线。

图 3-35(b)所示为将加工轮廓等距偏移后确定的切削路线。

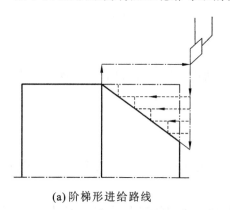

(a) 阶梯形进给路线　　　　　　　(b) 等距偏移的进给路线

图 3-35　车圆锥面的进给路线

3）车圆弧面的进给路线

① 阶梯形车削圆弧路线。

图 3-36(a)所示为车圆弧的阶梯形切削路线,先粗车成阶梯形,最后再精车出圆弧。

② 同心圆法车削圆弧路线。

图 3-36(b)所示为同心圆法车圆弧的切削路线,即沿不同半径的圆弧来车削,最后将所需圆弧精车出来。

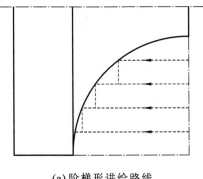

(a)阶梯形进给路线　　　　　(b)同心圆法进给路线

图 3-36　车圆弧面的进给路线

事实上,在粗车时往往要用到固定循环指令,此时详细的走刀路线是由数控系统自动规划完成的,编程人员只需选择合适的循环指令并输入合理的参数即可得到合理的走刀路线,极大地减小了编程过程中的计算量。

3. 精车时的切削进给路线

若工件各部位精度相差不是很大,应以最严的精度为准,连续走刀加工所有部位;若各部位精度相差很大,则将精度接近的表面安排在同一把刀的走刀路线内加工,并先加工精度较低的部位,最后再单独安排精度要求高的表面的走刀路线。

精车过程中尽量不要在连续的轮廓中切入、切出或停顿,以免因切削力突然变化而造成弹性变形,致使光滑连续轮廓上产生表面划伤、形状突变或滞留刀痕等缺陷。

4. 特殊的进给路线

在数控车削加工中,一般情况下,Z 轴方向的进给运动都是沿着负方向进给的,但有时按这种方式安排进给路线并不合理,甚至可能损坏零件。

如图 3-37 所示,当采用尖刀加工大圆弧外表面时,有两条不同的进给路线,其切削结果大不相同。对于图 3-37(a)所示的第一条进给路线,因切削时尖头车刀的主偏角为 100°～105°,这时刀尖所受的 X 向的切削分力 F_p 沿着 +X 方向作用,当刀尖运动到圆弧的换象限处,即进给方向由 $-X$ 向朝 $+X$ 向变换时,吃刀抗力 F_p 将换向为朝向 $-X$ 方向,若 X 轴丝杆螺母有传动间隙,会由于刀具的进给瞬时停顿而可能使刀尖嵌入零件表面(即"嵌刀"),其嵌入量在理论上等于其机械传动间隙量 e。即使该间隙量很小,由于刀尖在 X 方向换向时,横向拖板进给过程的位移量变化也很小,加上处于动摩擦与静摩擦之间呈过渡状态的拖板惯性的影响,仍会导致横向拖板产生严重的爬行现象,从而大大降低零件的表面质量。对于图 3-37(b)所示的进给方法,因为尖刀运动到圆弧的换象限处,吃刀抗力 F_p 与丝杠传动横向拖板的传动力方向相反,不会受丝杠螺母传动间隙的影响而产生嵌刀现象。

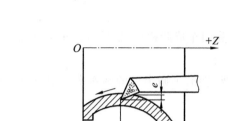
(a) 沿Z轴负向走刀

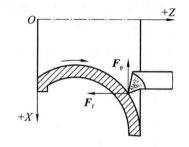
(b) 沿Z轴正向走刀

图 3-37 精车圆弧跨象限时的进给路线

3.2.4 项目实施

一、工艺路线

本工件需加工的表面包括圆弧面、圆锥面、圆柱面和倒角等,其中 $\phi 25_{-0.033}^{0}$ 圆柱面的尺寸精度为 8 级,表面粗糙度为 $Ra1.6$,为保证加工质量,需要对工件精车。工艺过程为:粗车各表面→精车各表面,精车时的径向余量为 0.25 mm(单边),轴向余量为 0.1 mm。

二、刀具及切削用量的选择

本工件的粗、精车使用同一把车刀,选择 95°硬质合金外圆车刀,刀尖圆弧半径为 0.5 mm,刀杆尺寸为 25×25。粗车时背吃刀量取为 2 mm。根据表 3-1、表 3-2、表 3-3 可查得粗、精车时的切削用量,如表 3-6 所示。

表 3-6 粗、精车切削用量表

序号	加工内容	进给量范围 /(mm/r)	进给量取值 /(mm/r)	切削速度范围 /(m/min)	切削速度取值 /(m/min)
1	粗车	0.3～0.4	0.4	70～90	90
2	精车	0.16～0.20	0.16	100～130	120

由此,可以制作如表 3-7 所示的数控加工工序单。

表 3-7 数控加工工序单

序号	加工内容	刀具规格	V_c /(m/min)	f /(mm/r)	a_p /mm
1	粗车	95°硬质合金外圆车刀	90	0.4	2
2	精车	同上	120	0.16	0.25

三、装夹方案

车削回转类零件时,可按照如下规则选择夹具:

(1) 如果工件的长径比<4,则用卡盘;
(2) 如果4≤工件的长径比<16,则用卡盘+尾顶尖;
(3) 如果工件的长径比≥16,则用顶尖+跟刀架+尾顶尖。

本工件长径比不大,采用三爪卡盘装夹,保证工件伸出卡盘端面大于60 mm即可。

四、走刀路线及程序编制

如图3-38所示,为编程方便,将编程坐标系原点设置在工件右端面的中心处,工件原点偏置设定在G55寄存器下。编程循环起点设在距离毛坯外圆2 mm、端面3 mm处,图3-38中1号点即为循环起点。

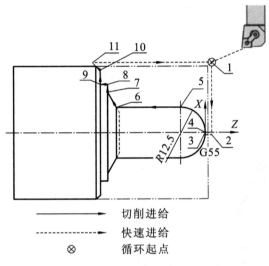

	X	Z
1	75	3
2	-2	3
3	-2	0
4	0	0
5	25	-12.5
6	25	-44.877
7	40	-49
8	48	-49
9	48	-53
10	62	-53
11	72	-58

图3-38 走刀路线图

本项目拟采用G71、G70指令编写粗、精加工程序,因此只需规划精加工走刀路线即可。在图3-38中,路径1→2→…→11→1即为精车时的走刀路线。其中3→4路径主要为消除刀尖圆弧半径的影响,并使精车时沿切线方向切入工件。

粗车时G71指令中各参数确定如表3-8所示。程序号设为O3250。

表3-8 G71循环参数确定表

循环起点	Δd	e	ns	nf	Δu	Δw	F
(75,3)	2	0.5	10	20	0.5	0.1	0.4

```
O3250
T0101
G50 S2000
G55 G96 G99 M03 S90
G0 X75. Z3. M8
G71 U2. R0.5
G71 P10 Q20 U0.5 W0.1 F0.4
N10 G0 X-2. S120 F0.16
```

```
            G1 Z0
            X0
            G3 X25. Z-12.5 R12.5
            G1 Z-44.877
            X40. Z-49.
            X48.
            Z-53.
            X62.
        N20 X72. Z-58.
        G70 P10 Q20
        G0 X200. Z100.
        M9
        M30
```

程序仿真结果如图 3-39 所示。

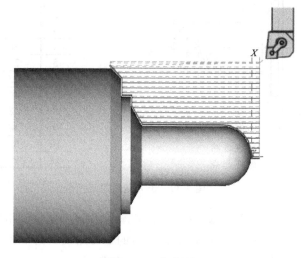

图 3-39 仿真图

思考与练习

1. 运用 G90 指令编写如图 3-40 所示台阶轴零件的粗、精车数控程序。设粗车背吃刀量为 2 mm，精加工余量为 0.2 mm，毛坯为 φ40 棒料。

2. 如图 3-41 所示工件，利用 G71 和 G70 指令编写外轮廓粗、精加工程序并仿真。已知外圆车刀为 3 号刀，循环起点为 (48,3)；粗、精车主轴转速分别为 800 r/min 和 1 200 r/min，进给速度分别为 120 mm/min 和 100 mm/min；粗车背吃刀量 1.5 mm，退刀量 0.5 mm，X 向精加工余量为 0.2 mm(半径值)，Z 向精加工余量为 0.2 mm。要求：

(1) 合理绘制走刀路线并标注出走刀路线中各转折点

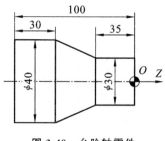

图 3-40 台阶轴零件

的点位坐标；

（2）填写 G71 循环参数表；

（3）编写数控程序；

（4）数控程序仿真。

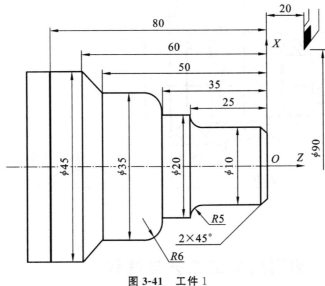

图 3-41　工件 1

3. 如图 3-42 所示工件，已知材料为 LY12，毛坯为 ϕ110 的棒料，毛坯左右端面已加工完成。请分析该零件的加工工艺，并编写加工程序。要求：

（1）合理选择刀具及切削用量；

（2）确定工件的装夹方案；

（3）填写工序单；

（4）合理绘制走刀路线并标注出走刀路线中各转折点的点位坐标，包括进退刀路线与切削路线；

（5）编写数控程序；

（6）数控程序仿真。

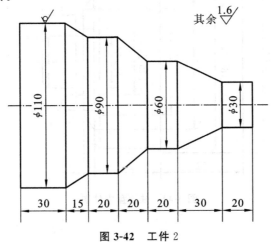

图 3-42　工件 2

4. 如图 3-43 所示零件，设在零件内部已加工出 $\phi 24$ 底孔，外轮廓也已加工完毕，材料为 LY12。试编写内轮廓加工程序，要求如第 3 题。

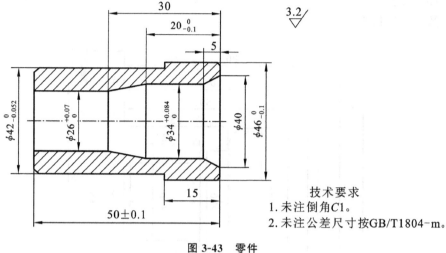

图 3-43 零件

项目 3.3　端面盘加工工艺与编程

3.3.1　项目描述

如图 3-44 所示，工件材料为 45 钢，调质状态，毛坯尺寸为 $\phi 70 \times 80$，现需要加工右端外轮廓。

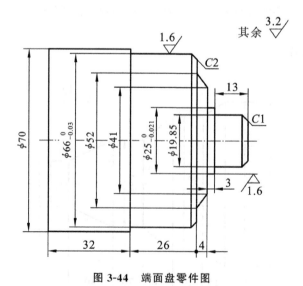

图 3-44 端面盘零件图

3.3.2 编程基础

一、端面切削单一固定循环指令 G94

1. 指令功能

G94 指令用于一些端面较大的台阶面或锥形端面的加工。

2. 指令格式

G94 X(U)_ Z(W)_ R_ F_

3. 指令动作

如图 3-45 所示,与 G90 类似,G94 循环指令也包含四个动作,四个动作完成后,刀位点会返回循环起点。但走刀方向是不同的,车外圆面时前者是顺时针走刀,后者是逆时针走刀。

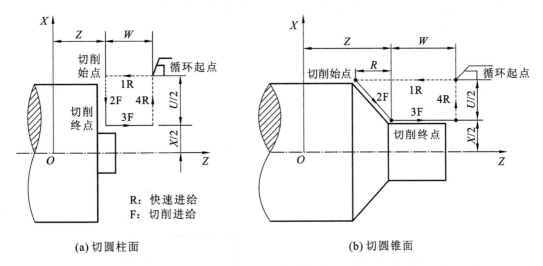

(a) 切圆柱面　　　　　　　　　　(b) 切圆锥面

图 3-45　G94 循环指令的走刀路线

4. 指令参数

X、Z 为切削终点绝对坐标值;U、W 为切削终点相对循环起点的坐标增量;F 为切削进给速度;R 为切削始点相对于切削终点在 Z 轴方向上的坐标增量,有正、负号。车削平面时 R 为 0,可省略不写。

当切削路径与零件圆锥母线平行时,

$$R = \frac{|U|}{d_1 - d_2} \cdot L \quad (3-4)$$

式中:L 为工件圆锥的高度;d_1 为切削起始端的零件圆锥直径;d_2 为切削终止端的零件圆锥直径,如图 3-46 所示。

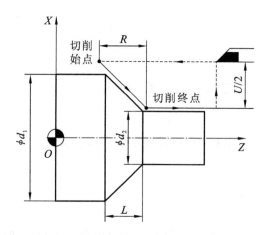

图 3-46 G94 指令中的 R 参数

例 3-7 用 G94 指令编写如图 3-47 所示的端面切削点数控程序段。

将循环起点定为(65,22),沿 Z 轴方向等分三层切削,编程如下:

```
……
G0 X65. Z22.
G94 X20. Z16.
Z13.
Z10.
……
```

例 3-8 加工如图 3-48 所示的锥面,刀具循环点位于(54,46),分四次切削。

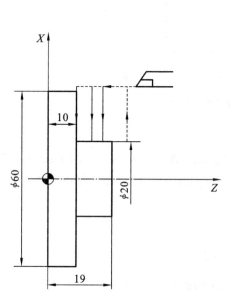

图 3-47 G94 指令切端面示例

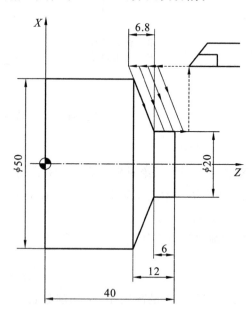

图 3-48 G94 指令切带锥度端面示例

计算参数 $R=\dfrac{|U|}{d_1-d_2} \cdot L=\dfrac{54-20}{50-20}\times 6=6.8$,编程如下:

……
G0 X54. Z46.
G94 X20. Z43. R6.8
Z40.
Z37.
Z34.
……

二、端面粗车复合循环指令 G72

1. 指令功能

该指令适合于粗车和半精车 Z 向余量小、X 向余量大的回转体工件。

2. 指令格式

G72 W(Δd) R(e)
G72 P(ns) Q(nf) U(Δu) W(Δw) F(f) S(s) T(t)
　N$_{ns}$……
　　……
　　……
　N$_{nf}$……

3. 指令动作

如图 3-49 所示,端面粗车复合循环指令 G72 走刀路线与 G71 类似,不同的是 G72 是在 Z 轴方向上分层循环切削。

4. 指令参数

与 G71 指令类似,运用 G72 指令编程时同样需要六个参数来描述粗加工背吃刀量、精加工路线和精加工余量等三个条件。

Δd 为每次沿 Z 向分层的切削深度,无正负号;e 为每次沿 Z 向退刀量;其余参数与 G71 指令中的参数含义相同。

5. 指令说明

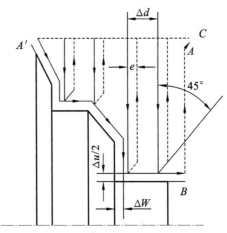

图 3-49　G72 循环指令的走刀路线

(1) G72 指令加工的轮廓必须是 X、Z 向同时单调递增或递减,且精加工路径中 N$_{ns}$ 的程序段必须只沿着 Z 向进退刀,不能出现沿 X 轴运动的指令,即 AA' 必须平行于 Z 轴。

(2) 其他方面的使用规则与 G71 的使用规则相同。

例 3-9　编写如图 3-50(a)所示工件的加工程序。切削循环起点为(165,2),切削深度为 3 mm,退刀量为 2 mm,X 方向精加工余量为 0.3 mm,Z 方向精加工余量为 0.2 mm,主轴转速为 S400,粗加工进给量为 F80,精加工进给量为 F50。程序号设定为 O3310,程序仿真结果如图 3-50(b)所示。

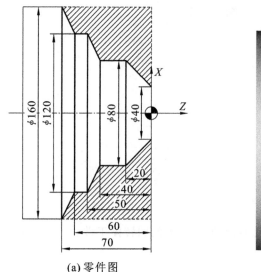
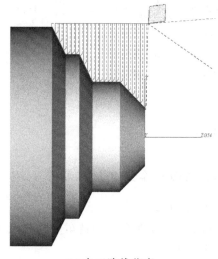

(a) 零件图　　　　　　　　　(b) 走刀路线仿真

图 3-50　G72 编程示例

```
O3310
T0101
G96 G98 M03 S400
G00 X165. Z2.
G72 W3. R2.
G72 P10 Q20 U0.3 W0.2 F80
N10 G0 Z-70.
    G1 X160. F50
    X120. Z-60.
    Z-50.0
    X80. Z-40.
    Z-20.
N20 X40. Z0
G70 P10 Q20
G0 X100.Z100.
M05
M30
```

三、刀尖半径补偿

1. 刀尖半径补偿功能

理想车刀是具有理想刀尖的刀具,此时编程轨迹和走刀路线完全相同。但为了提高刀尖强度,降低加工表面粗糙度,实际使用的刀具在刀尖处制有一圆弧过渡刃。此时,X 轴和 Z 轴两个方向的对刀点分别为 X 轴和 Z 轴方向上最突出的 A 点和 B 点,数控系统会以 A 点和 B 点的对刀结果综合确认一个点 P 作为刀位点,我们称之为假想刀尖,如图 3-51 所示。而系统正是以这个假想刀尖作为理论切削点进行工作的。实际切削时,只是假想刀尖沿着编程轮廓的轨迹运动，这对加工质量可能会造成影响。

在进行端面、外径及内径等与轴线平行或垂直的表面加工时，刀尖圆弧是不会对加工造成误差的；但在切削锥面或圆弧时，则会造成过切或少切现象。

如图 3-52 所示，在端面车削和外圆车削时，系统执行的是单坐标进给，刀尖最突出的切削点（B 点和 A 点）是刀位点，它们分别与对刀的结果（几何补偿）一致。但对于图 3-52 中的锥面部分（CD 段），假想刀尖的运动轨迹与工件轮廓重合，但实际圆弧切削刃与工件轮廓之间有一个偏移距离 ΔL，这会造成欠切，从而导致锥面部分直径尺寸偏大。而对于如图 3-53 所示的圆弧加工，它形成的结果更复杂一些，形成的欠切余量会随着刀具相对于圆弧轮廓位置的变化而变化。有些时候刀尖半径还可能会造成过切。

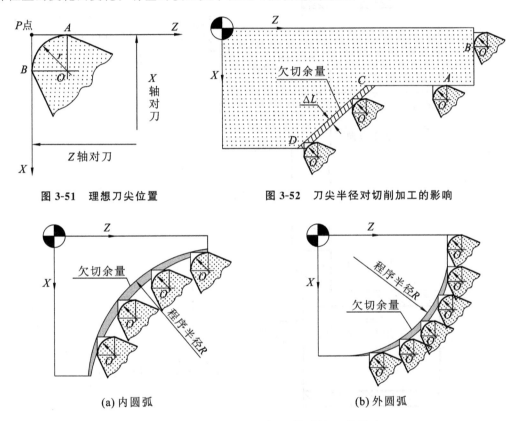

图 3-51 理想刀尖位置

图 3-52 刀尖半径对切削加工的影响

(a) 内圆弧　　(b) 外圆弧

图 3-53 车圆弧时刀尖半径对切削加工的影响

由此可见，刀尖圆弧的存在，对于锥面和圆弧的加工尺寸精度是有较大影响的。而且刀尖圆弧半径越大，加工误差就越大。刀尖半径补偿，正是基于这一现象而提出的解决措施。由于刀尖圆弧半径通常比较小，常见的刀尖圆弧半径为 0.2 mm、0.4 mm、0.8 mm、1.2 mm 等，故粗车时可不考虑刀尖半径补偿；精车时为了保证加工精度，必须进行刀尖半径补偿以消除误差。

2. 刀尖半径补偿方法

1）编程指令

与刀尖半径补偿相关的三个指令分别为 G40、G41 和 G42，编程格式如下：

```
G41 G01(G00) X(U)_ Z(W)_ F_    //刀尖半径左补偿
G42 G01(G00) X(U)_ Z(W)_ F_    //刀尖半径右补偿
G40 G01(G00) X(U)_ Z(W)_       //取消刀尖半径补偿
```

G41、G42分别代表刀尖半径的左补偿和右补偿。左、右补偿的判断方法为:如图3-54所示,在刀具处于补偿状态时,面对Y轴负方向指向的平面,沿着刀具进给方向看,当刀尖位于工件切削表面左侧时,称之为刀尖半径左补偿;当刀尖位于工件切削表面右侧时,则称之为刀尖半径右补偿。

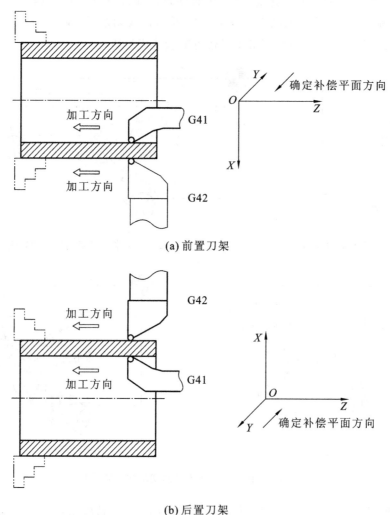

图3-54 刀尖圆弧半径补偿方向的判别

刀尖半径补偿号由对应刀具的T指令指定。当系统执行到含T代码的程序指令时,便调用了刀具补偿的寄存器地址号。当遇到G41、G42指令时,数控系统就自动从刀库中提取刀补数据并实施相应的刀具补偿,即将原来控制假想刀尖P的运动轨迹转换成控制刀尖圆弧中心的运动轨迹,从而加工出相对更加准确的轮廓。

2) 刀尖半径补偿的过程

与数控铣削刀具半径补偿一样,刀尖半径补偿的过程也分为三步,分别为刀补的建立、刀补的进行和刀补的取消,如图 3-55 所示。在进行刀尖半径补偿时,刀尖圆弧中心始终位于各程序段轮廓沿法线上并与轮廓偏离一个刀尖半径补偿值。

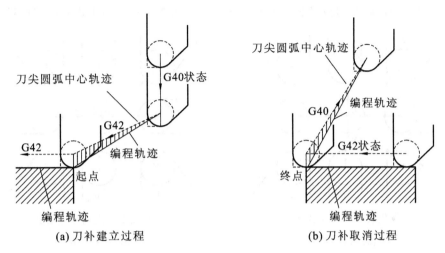

图 3-55 刀尖半径补偿的建立与取消

3) 刀尖半径使用时的注意事项

① 刀尖半径补偿只能在 G00 或 G01 的运动中建立或取消。另外,刀补建立与取消时的移动轨迹长度值必须大于刀尖半径补偿值。

② 当工件有锥面或圆弧面时,必须在精车锥度或圆弧前已建立好半径补偿,一般在切入工件前建立半径补偿,切出工件后取消半径补偿。

③ 当执行 G71 至 G76 固定循环指令时,系统不会执行刀尖半径补偿,在后续程序段中执行 G00、G01、G02、G03 和 G70 指令时,CNC 会自动恢复补偿模式。若在 G90、G94 固定循环中使用刀尖半径补偿,必须先于 G90、G94 指令之前激活该功能。

车刀刀尖半径补偿的其他使用方法、注意事项与铣刀刀补的十分类似,在此不再赘述。

例 3-10 加工如图 3-56 所示的锥面,使用刀尖半径补偿功能编程。结果如下:

```
……
N30 G00 X30. Z3.
N40 G01 G42 X18. Z0 F0.2  建立刀尖半径右补偿
N50 X22. Z-14.            加工锥面
N60 G00 G40 X30. Z2.      取消刀尖半径补偿
……
```

4) 刀尖方位的确定

刀尖半径补偿除了和刀尖半径大小有关外,还和刀尖的方位有关。因此,在使用刀尖补偿功能时,刀具参数表中除了要输入刀具半径补偿量 R 外,还需输入刀尖方位代号 T。

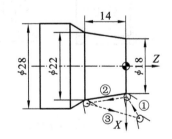

图 3-56 刀尖半径补偿示例

刀尖方位是指假想刀尖点相对于刀尖圆弧中心点的位置关系,并且和刀具的实际工作方位有关,用 0～9 共 10 个号码来表示。如图 3-57 所示,刀具安装完成并调用后,以刀尖圆弧的圆心为原点(图 3-57 中"＋"),建立一个 ZX 坐标系,此时刀具的刀位点(图 3-57 中"·")所处的象限号就是该刀具的刀位号。如当刀位点在第一象限时,对应的刀位号为 1;

刀位点在第三象限时对应的刀位号为 3;当刀位点位于 Z 轴正半轴或负半轴上时,刀位号分别为 5 或 7;当刀位点落在 X 轴正半轴或负半轴上时,刀位号分别为 6 或 8;当设定刀尖圆弧中心为刀位点时,则其刀位号为 0 或 9。图 3-58 所示为常用车刀工作时的刀位号。

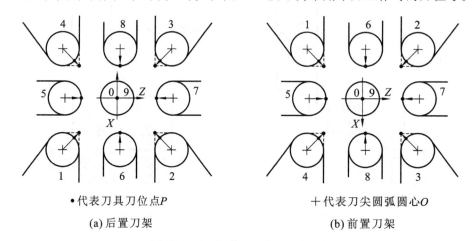

图 3-57 刀尖方位号的判断

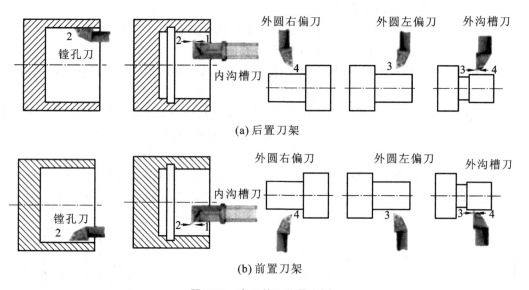

图 3-58 车刀的刀位号示例

四、刀具几何补偿

1. 刀具几何补偿功能

实际加工时一般会使用多把刀具,而编程时通常假定刀架上各刀在转到工作位置时其刀尖位置是一致的。但由于刀具的几何形状、安装位置的不同,各刀具转到加工位置时,刀尖的位置是不一致的。另外,刀具在加工过程中会遭受不同程度的磨损,磨损后的刀尖位置也会发生变化。因此,必须对加工时使用的所有刀具进行对刀,设置不同的工件坐标系或对各刀位置进行比较,设定刀具偏差补偿,这称为刀具几何补偿。刀具几何补偿可分为刀具几何位置补偿和磨损补偿,包括 X 向补偿和 Z 向补偿。刀具几何补偿是刀具几何位置补偿和磨损补偿的矢量和。

2. 刀具几何位置补偿值设定方法

刀具几何位置补偿又称刀具长度补偿,其补偿值的设定有两种方法:

1) 绝对补偿形式

如图 3-59(a)所示,绝对刀具几何位置补偿值即机床回到机床零点时,工件零点相对于刀架工作位置上各刀尖位置的轴向距离。当执行刀具几何位置补偿时,各刀以此值设定各自的加工坐标系。

2) 相对补偿形式

如图 3-59(b)所示,在对刀时,选择一把刀(图 3-59 中 1 号刀)为标准刀具,并以其刀尖位置 A 为依据建立工件坐标系。这样,当其他各刀(如图 3-59 中 2 号刀)转到加工位置时,其刀尖位置 B 相对于标准刀具刀尖位置 A 就会出现偏置,原来以标准刀具为依据建立的坐标系就不再适用。此时应对非标准刀具进行几何位置补偿,使刀尖位置由 B 点移至 A 点。对应非标准刀具相对于标准刀具之间的矢量偏差值 Δx、Δz 即为刀具几何位置补偿值。

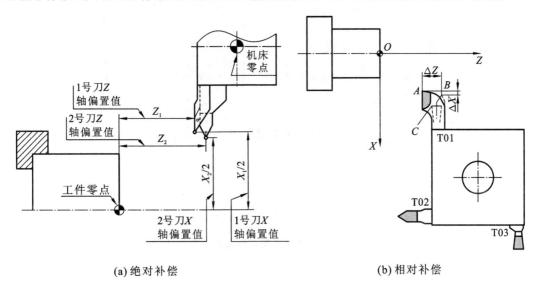

(a) 绝对补偿　　　　　　　　　　(b) 相对补偿

图 3-59　车刀几何位置补偿

刀具的几何补偿是在使用 T○○XX 调刀指令时自动建立的,当使用 T○○00 时取消几何补偿。使用该功能前需要先通过对刀采集到刀具几何补偿数据,并将这些数据储存到刀具参数表中。

例 3-11　T01、T02 和 T04 各刀具的长度及安装位置如图 3-60 所示。T01 刀的刀尖半径为 0.2 mm,T02 刀的刀尖半径为 0.4 mm,T04 刀的刀尖半径为 0.6 mm。以 T01 刀作为基准刀具,T02 刀的刀位点设为左侧刀尖,则各刀具的几何补偿值、刀尖半径补偿值

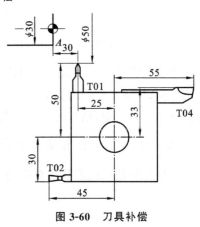

图 3-60　刀具补偿

及刀尖方位号见表 3-9。

表 3-9 刀具补偿值表

		T0101(基准刀具)	T0202	T0404
几何补偿值	X(直径)	0	−10	10
	Z	0	5	8
刀尖半径补偿值		0.2	0.4	0.6
刀尖方位号		8	3	3

将上述几何补偿值输入 FANUC 系统的刀具几何偏置参数表中,如图 3-61 所示。

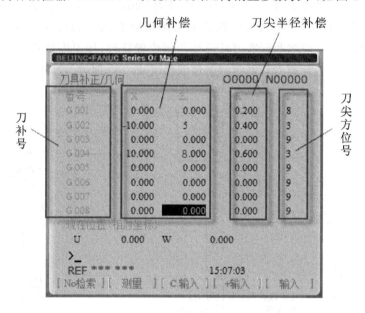

图 3-61 刀具补偿参数设定界面

3.3.3 项目实施

一、工艺路线

本工件需加工的表面包括圆柱面和倒角等,其中 $\phi 25_{-0.021}^{0}$、$\phi 66_{-0.03}^{0}$ 圆柱面的尺寸精度均为 7 级,表面粗糙度均为 $Ra1.6$,为保证加工质量,需要对工件精车。工艺过程为:粗车各表面→精车各表面,精车时的径向余量为 0.1 mm(单边),轴向余量为 0.1 mm。

二、刀具及切削用量的选择

本项目所使用的刀具及对应的切削用量与项目 3.2 一致,对应的工序单见表 3-10。

表 3-10 数控加工工序单

序号	加工内容	刀具规格	V_c/(m/min)	f/(mm/r)	a_p/mm
1	粗车	95°硬质合金端面车刀	90	0.4	2
2	精车	同上	120	0.16	0.1

三、装夹方案

本工件采用三爪卡盘装夹,保证工件伸出卡盘端面大于 48 mm 即可。

四、走刀路线及程序编制

如图 3-62 所示,为编程方便,将编程坐标系原点设置在工件右端面的中心处,工件原点偏置设定在 G54 寄存器下。编程循环起点设在距离毛坯外圆 2 mm、端面 3 mm 处,图 3-62 中 1 号点即为循环起点。

本项目拟采用 G72、G70 指令编写粗、精加工程序,因此只需规划精加工走刀路线即可。在图 3-62 中,路径 1→2→…→12→1 即为精车时的走刀路线。

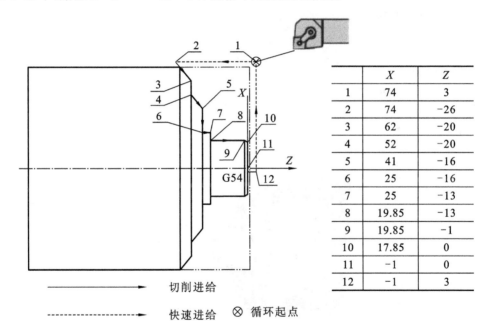

	X	Z
1	74	3
2	74	-26
3	62	-20
4	52	-20
5	41	-16
6	25	-16
7	25	-13
8	19.85	-13
9	19.85	-1
10	17.85	0
11	-1	0
12	-1	3

图 3-62 走刀路线图

粗车时 G72 指令中各参数确定如表 3-11 所示。程序号设为 O3350,程序仿真结果如图 3-63 所示。

表 3-11 G72 循环参数表

循环起点	Δd	e	ns	nf	Δu	Δw	F
(74,3)	2	0.5	30	40	0.1	0.1	0.4

```
O3350
G50 S2000
G54 G96 G99 M03 S90
T0202
G0 X74. Z3. M8
G72 W2. R0.5
G72 P30 Q40 U0.1 W0.1 F0.4
N30 G0 G41 Z-46. S120
    G1 X66. F0.16
    Z-22.
    X62. Z-20.
    X52.
    X41. Z-16.
    X25.
    Z-13.
    X19.85
    Z-1.
    X17.85 Z0
    X-1.
N40 G40 Z3.
G70 P30 Q40
G0 X200. Z100. M5
M9
M30
```

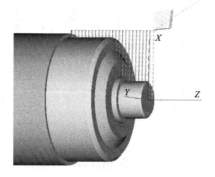

图 3-63 仿真图

思考与练习

1. 如图 3-64 所示零件，运用 G94 指令编写精车外轮廓及右端面的数控程序。设刀具为 3 号外圆车刀，毛坯为 ϕ100 棒料。

2. 如图 3-65 所示零件，毛坯为 ϕ100 棒料，利用 G72、G70 指令及刀尖半径补偿功能编写外轮廓粗、精加工程序并仿真。已知外圆车刀为 2 号刀，粗、精加工时主轴转速分别为

700 r/min 和 1 100 r/min，进给速度分别为 0.4 mm/r 和 0.2 mm/r。粗加工背吃刀量为 2 mm，X 向精加工余量为 0.1 mm（半径值），Z 向精加工余量为 0.2 mm。要求：

(1) 合理绘制走刀路线并标注出走刀路线中各转折点的点位坐标；
(2) 填写 G72 循环参数表；
(3) 编写数控程序，注意合理使用刀尖半径补偿功能；
(4) 数控程序仿真。

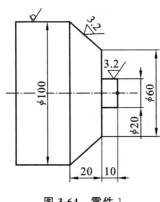

图 3-64　零件 1　　　　　　　　　图 3-65　零件 2

3. 如图 3-66 所示零件，已知材料为 LY12，毛坯为 $\phi160\times132$ 的棒料。请分析该零件的加工工艺，并编写该零件的加工程序。要求：

(1) 合理选择刀具及切削用量；
(2) 确定工件的装夹方案；
(3) 填写工序单；
(4) 合理绘制走刀路线并标注出走刀路线中各转折点的点位坐标，包括进退刀路线与切削路线；
(5) 编写数控程序，注意合理使用刀尖半径补偿功能；
(6) 数控程序仿真。

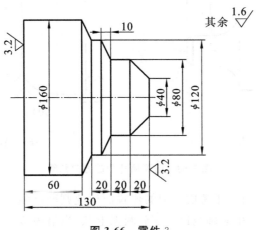

图 3-66　零件 3

项目 3.4 仿形件加工工艺与编程

3.4.1 项目描述

如图 3-67 所示,工件材料为 45 钢,毛坯尺寸为 $\phi40\times80$,现需要加工工件的右端外轮廓。

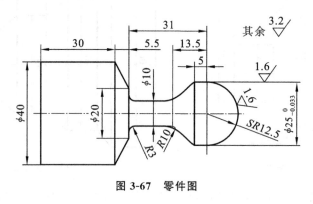

图 3-67 零件图

3.4.2 编程基础

一、圆弧插补时顺逆方向判断

编制数控车加工程序时,圆弧的顺逆和刀架的前置、后置有关,如图 3-68 所示。

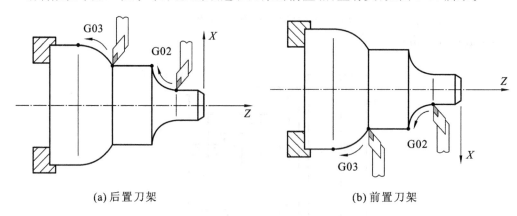

(a) 后置刀架　　　　　　　　　(b) 前置刀架

图 3-68 圆弧插补顺逆方向判断

在实际生产过程中,可以不考虑刀架的位置而快速判断圆弧插补的顺逆方向。其方法是:在编程时,只分析零件中心轴线以上部分圆弧形状,当沿该段圆弧形状从起点画向终点为顺时针方向时用 G02,反之用 G03。即无论是前置刀架还是后置刀架,都统一按照后置刀架的情形来判断圆弧插补的方向,如图 3-69 所示。

二、仿形粗车复合循环指令 G73

1. 指令功能

该指令适用于毛坯轮廓形状与零件轮廓形状基本相似的粗车加工。因此,这种加工方式对于铸造或锻造毛坯的粗车是一种效率很高的方法,且对零件轮廓的单调性没有要求。

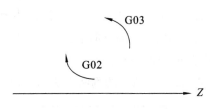

图 3-69 按后置刀架情形判断圆弧插补方向

2. 指令格式

```
G73 U(Δi) W(Δk) R(d)
G73 P(ns) Q(nf) U(Δu) W(Δw) F(f) S(s) T(t)
N_ns ……
    ……
    ……
N_nf ……
```

3. 指令动作

如图 3-70 所示,刀具从循环起点 A 点开始,快速退刀至 C 点(在 X 方向的退刀量为 $\Delta u/2 + \Delta i$,Z 方向的退刀量为 $\Delta k + \Delta w$);然后快速进刀到 D 点,沿轮廓形状偏移一定的数值进行第一次切削,直至终点 E 点;最后快速返回 F 点,准备第二次循环切削。如此分层切削至循环结束后快速返回循环起点 A 点,其循环次数由程序中的参数 d 决定。

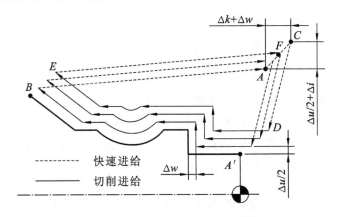

图 3-70 G73 循环指令的走刀路线

4. 指令参数

Δi 为 X 轴方向退刀距离和方向,半径值,有正负;Δk 为 Z 轴方向退刀距离和方向,可与 Δi 相等,有正负;d 为粗切次数,取值为 $d \approx \Delta i/a_p$ 取整;其他参数说明同 G71。

5. 指令说明

(1) 精加工路径中 N_{ns} 的程序段允许有 X、Z 方向的移动。

(2) 参数 Δi、Δk、Δu 和 Δw 的正负号判断。参数 Δi、Δk、Δu 和 Δw 均分正负,其中 Δi、Δk 的正负反映了粗车时坐标偏移方向,Δu、Δw 的正负反映了精车时坐标偏移方向。

如图 3-71 所示,各参数正负号的判断方法如下。

Δi:当向+X 轴方向退刀时,该值为正,反之为负,即车外径为正,车内孔为负。

Δk:当向+Z 轴方向退刀时,该值为正,反之为负,即端面余量在 Z 轴正方向一侧为正,在 Z 轴负方向一侧为负。

Δu、Δw 正负号的判断方法与 G71 指令说明中的一样。

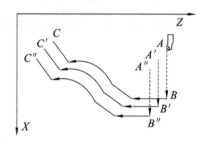

(a) $\Delta i<0$、$\Delta k>0$、$\Delta u<0$、$\Delta w>0$

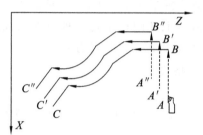

(b) $\Delta i>0$、$\Delta k>0$、$\Delta u>0$、$\Delta w>0$

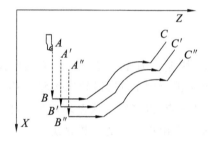

(c) $\Delta i<0$、$\Delta k<0$、$\Delta u<0$、$\Delta w<0$

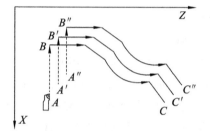

(d) $\Delta i>0$、$\Delta k<0$、$\Delta u>0$、$\Delta w<0$

图 3-71 Δi、Δk、Δu 和 Δw 的正负号

(3) 参数 Δi、Δk 大小的确定。

Δi、Δk 过大会使切削过程中存在较多空刀,过小很容易导致切第一刀时由于实际切深过大而损坏刀尖。确定该值时应参考毛坯的加工余量大小:

当毛坯余量均匀时,Δi 等于 X 向最大余量(半径),Δk 等于 Z 向最大余量;当毛坯为棒料时,Δi 为 $\dfrac{\text{毛坯上最大直径}-\text{工件上最小直径}}{2}$。

例 3-12 如图 3-72 所示,设工件毛坯为 $\phi18$ 棒料,图 3-72(a)所示的右端面要求加工成球面,图 3-72(b)所示的右端面不需要加工,求用 G73 指令加工图 3-72 所示工件时的 Δi。

分析:图 3-72(a)中工件需加工的最小直径处位于右端球面顶点上,该点处直径为 0;图 3-72(b)中工件需加工的最小直径为 8。因此:

图 3-72(a)中 $\Delta i=(18-0)/2=9$,图 3-72(b)中 $\Delta i=(18-8)/2=5$。

例 3-13 在数控车床上加工如图 3-73 所示的轴类零件。若粗车时 $F=0.3$ mm/r,$S=180$ mm/min;精车时 $F=0.15$ mm/r,$S=400$ mm/min,试利用 G73 指令编写其粗加工程序 O3410。程序仿真结果如图 3-74 所示。

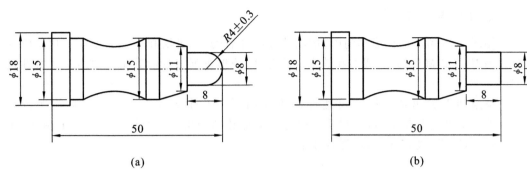

图 3-72 Δi 计算示例

```
O3410
M03 S1000
G00 X220. Z160. M08
G73 U14. W14. R3
G73 P50 Q100 U0.5 W0.25 F0.3 S180
N50 G00 G41 X80. W-40.
    G01 W-20. F0.15 S400
    X120. W-10.
    W-20.
    G02 X160. W-20. R20.
N100 G01 X180. W-10.
G70 P50 Q100
G40 G00 X260. Z220. M9
M5
M30
```

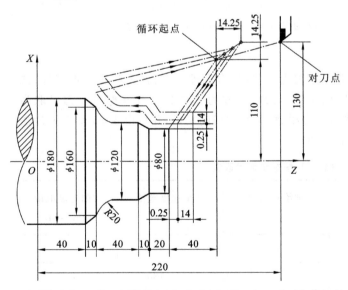

图 3-73 G73 编程示例

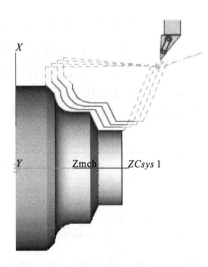

图 3-74 仿真图

三、仿形车削刀具

在如图 3-75 所示的仿形车削中,切削状况会随着切深、进给和切削速度而变化。应选择合适的刀片,以确保强度、成本和效率。除此外,仿形车削刀具的其中一项最重要特性是高的可达性。

主偏角和刀尖角都是影响可达性的重要因素。工件与刀片之间至少必须保持如图 3-76 所示的 2°避让切削角,推荐至少保持 7°的避让切削角。仿形加工时通常采用 93°车刀,常用 55°(D 形)或 35°(V 形)菱形刀片。

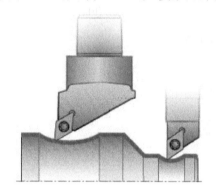

图 3-75 仿形车削

图 3-76 避让切削角

3.4.3 项目实施

一、工艺路线

本工件需加工的表面包括圆弧面、圆锥面、圆柱面和倒角等,其中 $\phi 25_{-0.033}^{0}$ 圆柱面的尺寸精度为 8 级,表面粗糙度为 $Ra1.6$,为保证加工质量,需要对工件精车。工艺过程为:粗车各表面→精车各表面。精车时的径向余量为 0.1 mm(单边),轴向余量为 0.1 mm。

二、刀具及切削用量的选择

本工件的粗、精车使用同一把车刀,车刀为 93°硬质合金外圆车刀,为防止干涉刀片,选择 35°的 V 形刀片,刀尖圆弧半径为 0.5 mm,刀杆尺寸为 25×25。粗车时背吃刀量取为 2 mm。根据本模块项目 3.2 的方法可查得粗、精车时的切削用量,并且由于 35°V 形刀片强度较低,进给量适当取小值,如表 3-12 所示。

表 3-12 粗、精车切削用量表

序号	加工内容	进给量范围 /(mm/r)	进给量取值 /(mm/r)	切削速度范围 /(m/min)	切削速度取值 /(m/min)
1	粗车	0.3~0.4	0.3	70~90	70
2	精车	0.16~0.20	0.16	100~130	100

由此,可以制作如表 3-13 所示的数控加工工序单。

表 3-13 数控加工工序单

序号	加工内容	刀 具 规 格	V_c/(mm/min)	f/(mm/r)	a_p/mm
1	粗车	93°硬质合金外圆车刀	70	0.3	1
2	精车	同上	100	0.16	0.1

三、装夹方案

本工件采用三爪卡盘装夹,保证工件伸出卡盘端面大于 52 mm 即可。

四、走刀路线及程序编制

如图 3-77 所示,为编程方便,将编程坐标系原点设置在工件右端面的中心处,工件原点偏置设定在 G55 寄存器下。编程循环起点设在距离毛坯外圆 2.5 mm、端面 3 mm 处,图 3-77 中 1 号点即为循环起点。

本项目拟采用 G73、G70 指令编写粗、精加工程序,因此只需规划精加工走刀路线即可。在图 3-77 中,路径 1→2→…→12→1 即为精车时的走刀路线。

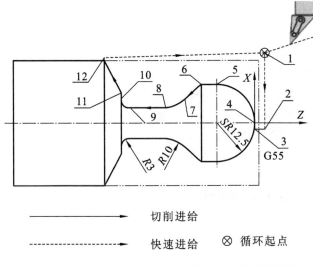

	X	Z
1	45	3
2	−1	3
3	−1	0
4	0	0
5	25	−12.5
6	25	−17.5
7	15.06	−23.164
8	10	−29.783
9	10	−40.5
10	16	−43.5
11	20	−43.5
12	41.818	−49.5

图 3-77 走刀路线图

仿形车时 G73 指令中各参数确定如表 3-14 所示,程序号设为 O3450,程序切削仿真如图 3-78 所示。

表 3-14 G73 循环参数确定表

循环起点	Δi	Δk	d	ns	nf	Δu	Δw	F
(45,3)	20	0	10	50	60	0.2	0.1	0.3

O3450
G55 G96 G99 M03 S70
T0303

```
G0 X45. Z3. M8
G73 U20. W0 R10
G73 P50 Q60 U0.2 W0.1 F0.3
N50 G0 G41 X-1. S100
    G1 Z-0 F0.16
    X0
    G3 X25. Z-12.5 R12.5
    G1 Z-17.5
    X15.06 Z-23.164
    G2 X10. Z-29.783 R10.
    G1 Z-40.5
    G2 X16. Z-43.5 R3.
    G1 X20.
N60 X41.818 Z-49.5
G70 P50 Q60
G0 G40 X200. Z100.
M9
M30
```

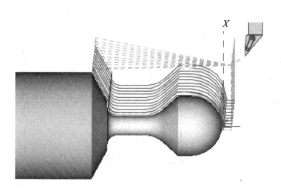

图 3-78 仿真图

思考与练习

1. 如图 3-79 所示零件,毛坯为锻件。利用 G73 和 G70 指令编写右端轮廓粗、精加工程序并仿真。已知 $\Delta u=1$ mm, $\Delta w=0.5$ mm, $\Delta i=9.5$ mm, $\Delta k=9.5$ mm, $d=4$。外圆车刀为 3 号刀,粗、精车主轴转速分别为 500 r/min 和 800 r/min,进给速度分别为 0.3 mm/r 和 0.15 mm/r。要求:

(1) 合理绘制走刀路线并标注出走刀路线中各转折点的点位坐标;
(2) 填写 G73 循环参数表;
(3) 编写数控程序,注意合理使用刀尖半径补偿功能;
(4) 数控程序仿真。

2. 如图 3-80 所示零件,已知材料为 LY12,毛坯为 $\phi50$ 的棒料。请分析该零件的加工工艺,并编写该零件的加工程序。要求:

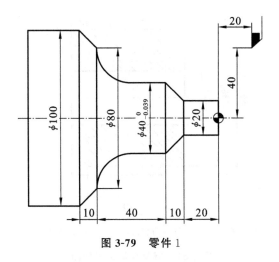

图 3-79 零件 1

(1) 合理选择刀具及切削用量；
(2) 确定工件的装夹方案；
(3) 填写工序单；
(4) 合理绘制走刀路线并标注出走刀路线中各转折点的点位坐标,包括进退刀路线与切削路线；
(5) 编写数控程序,注意合理使用刀尖半径补偿功能；
(6) 数控程序仿真。

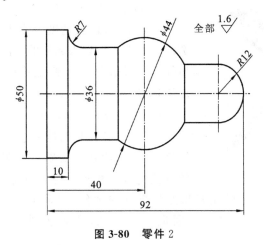

图 3-80 零件 2

项目 3.5 槽及孔加工工艺与编程

3.5.1 项目描述

如图 3-81 所示零件,$\phi66$ 的外圆柱面及右端面已经过加工,现只需要加工 $\phi66$ 的外圆槽及 $\phi23$ 内孔。

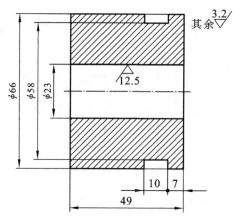

技术要求：毛坯材料为45钢，调质，$\phi66\times49$棒料

图 3-81　槽及孔加工零件图

3.5.2　工艺基础

一、槽的车削方法

车削工件槽的加工包括车外圆槽、内孔槽和端面槽等，如图 3-82 所示。

图 3-82　车槽

1. 浅窄槽的加工方法

对较窄、较浅且精度要求不高的槽，可采用与槽等宽的切槽刀一次切入成形的方法来加工，一般切到槽底后使用延时指令 G04 修整槽底圆度，然后以工进速度退出，如图 3-83(a)所示。

2. 深窄槽的加工方法

对较窄、较深且精度要求较高的槽，可先用较窄的切槽刀粗车，再用刀头宽度与槽宽相等的切槽刀精车的方法完成。粗车时为了避免切槽过程中由于排屑不畅，使刀具前部压力过大出现扎刀和刀具折断的现象，应采用往复进刀的方式。刀具在切入工件一定深度后，停止进刀并回退一段距离，从而达到断屑和排屑的目的，如图 3-83(b)所示。

3. 宽槽的加工方法

当槽宽度尺寸较大(大于切槽刀刀头宽度)，应对槽采用多次进刀法粗切(排刀粗切)，然后用精切槽刀沿槽的一侧切至槽底，再沿槽底精切至槽的另一侧，最后沿侧面切出，切削方式如图 3-83(c)所示。粗切时每次进给要和上一刀有重叠的部分，并在槽底和两侧一般留有 0.1~0.2 mm 的精加工余量。

4. 梯形槽的加工方法

车削较窄的梯形槽时，一般用成形车刀车削。车削较大的梯形槽时，通常先按槽底宽度车直槽，然后用梯形刀直进法或左右切削法完成，如图 3-84(a)所示。当槽较宽时，采用左右

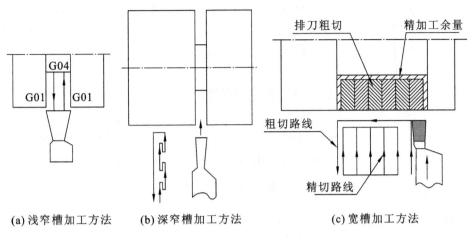

(a) 浅窄槽加工方法　　(b) 深窄槽加工方法　　(c) 宽槽加工方法

图 3-83　常用的车槽方法

切削法切槽,此时直接用直槽切刀,采用两轴联动,利用左右刀尖进行梯形面的切削,如图 3-84(b)所示。

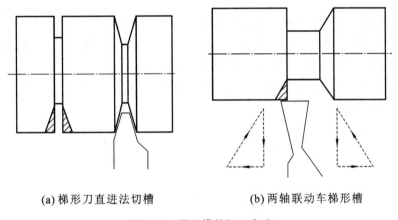

(a) 梯形刀直进法切槽　　(b) 两轴联动车梯形槽

图 3-84　梯形槽的加工方法

5. 圆弧形槽的加工方法

车削较小的圆弧形槽时,一般用成形车刀车削。当车削较大的圆弧形槽时,可用两轴联动车削。

二、车槽刀具及切削用量

1. 常用的车槽刀具

常用的车槽刀具有外圆车槽刀、内孔车槽刀和端面车槽刀。车槽刀头宽度不宜过宽,否则容易引起振动。

如图 3-85 所示,切槽刀有左、右两个刀尖及切削刃中心处等三个刀位点,在整个加工程序中一般应采用同一个刀位点,通常采用左侧刀尖作为刀位点,此时对刀、编程都较方便。

2. 车槽时切削用量的选择

车槽时,切槽刀三面刃同时切削,切削力大、散热差、切削温度高。因此,其切削用量相

图 3-85 切槽刀刀位点

对车外圆时要小。通常切削速度取外圆切削速度的 60%～70%，进给量一般取 0.05～0.3 mm/r，背吃刀量受切槽刀宽度的影响，调整范围较小。

3.5.3 编程基础

车槽时可以采用 G1、G90 或 G94 指令，当槽较宽时，为简化编程可使用 G74 或 G75 复合循环指令。

一、暂停指令 G04

1. 指令功能

该指令可以使刀具做短时间的无进给光整加工，用于切槽、钻镗孔、自动加工螺纹及拐角轨迹控制等场合，如图 3-86 所示。

2. 指令格式

G04 X(P)_

其中，地址码 X 或 P 为暂停时间。X 后面的数字为带小数点的数，单位为秒(s)；P 后面的数字必须为整数，单位是毫秒(ms)。如 G04 X5. 表示上一行程序执行完后，要暂停 5 s，下一行程序才开始执行；G04 P100 则表示暂停时间为 0.1 s。

例 3-14 如图 3-87 所示，切槽加工时，为保证槽底表面质量，利用 G04 指令使刀具在槽底暂停进给。编程结果如下：

……
N060 G00 X50.   //快速定位到 1 号点
N070 G01 X20. F0.05   //以进给速度切削到 2 号点
N080 G04 X0.24   //在 2 号点处（槽底）暂停 0.24 s
N090 G00 X50.   //快速回退到 1 号点
……

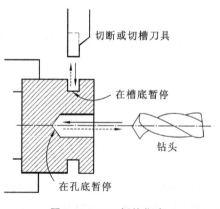

图 3-86 G04 暂停指令

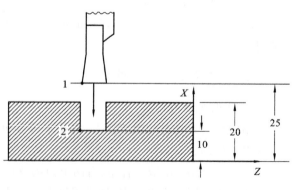

图 3-87 G04 示例

二、端面钻孔复合循环指令 G74

1. 指令功能

此指令可用于端面圆环槽的断续切削,也可用于钻端面孔。

2. 指令格式

　G74 R(e)
　　　G74 X(U)＿ Z(W)＿ P(Δi) Q(Δk) R(Δd) F＿

3. 指令动作

执行 G74 指令时将实现沿 X 轴方向分层切槽的走刀路线,如图 3-88 所示。刀具快速到达循环起点 A 后,沿 Z 轴方向间歇进给至槽底 Z(W) 处,然后沿 X 轴后退 Δd,再沿 Z 轴快速退刀至 C 点,从而完成沿 X 轴向的第一层切削;此后刀具会快速偏移 Δi 至 D 点,再进行第二层切削。依次循环直至切削至槽底终点 B 点后,后退至 G 点,再沿 X 向退刀至 A 点,从而完成整个切槽循环动作。

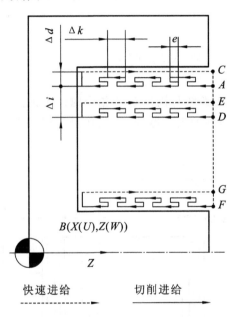

图 3-88　G74 循环指令的走刀路线

4. 指令参数

e 为 Z 轴方向间歇进给时的退刀量;Δi 为刀具沿 X 轴方向分层切削时的层间距,为不带符号的半径值,其取值应小于刀宽;Δk 为 Z 向的增量进给切深,无正负;Δd 为每层切削到槽底后沿 X 轴方向的退刀量,一般取 0;X、Z 为切槽终点 B 的绝对坐标,U、W 为 B 点相对于循环起点 A 的坐标增量。

在上述编程格式中,若 X(U) 为 0 并省略 P(Δi) 和 R(Δd) 时,则可用于往复排屑式钻孔(啄钻),主要用于较深的端面孔加工。对应的孔加工编程格式可简化为:

　G74 R(e)
　　　G74 Z(W)＿ Q(Δk) F＿

例 3-15　编写如图 3-89 所示的钻孔程序,设退刀量 $e=0.5$,增量进给切深 $\Delta k=2$ mm,

主轴转速为 $n=800$ r/min,切削进给速度 $F=0.08$ mm/r,其程序编写如下:

```
O3510
G50 X50. Z100.
G00 X0 Z68.
S800 M03
G74 R0.5
G74 Z8. Q2. F0.08
G00 X50. Z100.
M05
M30
```

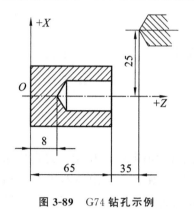

图 3-89 G74 钻孔示例

三、外圆切槽复合循环 G75

1. 指令功能

此指令可用于外圆槽的断续切削。

2. 指令格式

G75 R(e)

G75 X(U)_ Z(W)_ P(Δi) Q(Δk) R(Δd) F_

3. 指令动作

执行 G75 指令时,其走刀路线与执行 G74 指令时的走刀路线非常相似,不同的是 G75 执行的是沿 Z 轴方向分层切削的走刀路线,刀具在每一层都沿 X 轴方向间歇进给至槽底 X(U) 处,如图 3-90 所示。

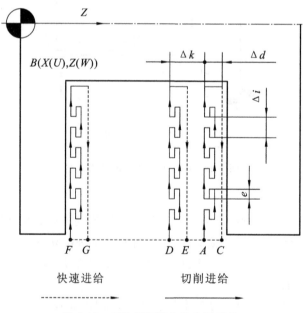

图 3-90 G75 循环指令的走刀路线

4. 指令参数

e 为 X 轴方向间歇进给时的退刀量;Δi 为 X 向的增量进给切深,无正负;Δk 为刀具沿

Z 轴方向分层切削时的层间距,其取值应小于刀宽;Δd 为每层切削到槽底后沿 Z 轴方向的退刀量,一般取 0;X(U)、Z(W) 同 G74 指令的说明内容。

在上述编程格式中,当省略 Z(W)、Q(Δk)、R(Δd) 时,则可用于切断或切窄槽。

例 3-16 如图 3-91 所示,试用 G75 指令编写其槽加工程序,刀具宽为 5 mm。

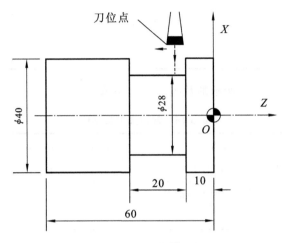

图 3-91 G75 切槽示例

将切槽刀刀位点设定在左侧刀尖上,循环起点设为 (42,−15),切槽终点为 (28,−30),令退刀量 $e=1$ mm,切深 $\Delta i=3$ mm,Z 向的层间距 $\Delta k=4$ mm($\Delta k<5$),编程结果如下:

```
O3520
G98 M03 S400
G00 X42. Z-15.
G75 R1.
G75 X28. Z-30. P3. Q4. F40
G00 X100.
Z100.
M05
M30
```

3.5.4 项目实施

一、工艺路线

本工件需加工的表面包括外圆槽和内孔,其中 $\phi23$ 的孔一次钻孔即可,$\phi58$ 的外圆槽表面粗糙度为 $Ra3.2$,为保证加工质量,需要精车。工艺过程为:钻 $\phi23$ 孔→粗车外圆槽→精车外圆槽。槽的底面精车余量为 0.1 mm,两侧面的精车余量为 0.2 mm。

二、刀具及切削用量的选择

本工件内孔加工选用 $\phi23$ 高速钢钻头,切槽加工选用宽度为 3 mm 的硬质合金切槽刀,刀杆尺寸为 25×25。

钻孔时的切削用量可查询表 2-14,切槽时的切削用量可根据项目 3.2 的方法选择并适当减小,如表 3-15 所示。

表 3-15 粗、精车切削用量表

序 号	加工内容	进给量/(mm/r)	切削速度/(m/min)	主轴转速/(r/min)
1	钻孔	0.3		300
2	粗切槽	0.1	60	
3	精切槽	0.2	70	

由此,可以制作如表 3-16 所示的数控加工工序单。

表 3-16 数控加工工序单

序 号	加工内容	刀 具 规 格	V_c/(m/min)	S/(r/min)	f/(mm/r)	a_p/(mm)
1	钻孔	T1φ23 高速钢钻头		300	0.3	
2	粗切槽	T4 宽为 3 的硬质合金切槽刀	60		0.1	2.5
3	精切槽	同上	70		0.2	

四、装夹方案

本工件采用三爪卡盘装夹,保证工件伸出卡盘端面大于 20 mm 即可。

五、走刀路线及程序编制

如图 3-92 所示,为编程方便,将编程坐标系原点设置在工件右端面的中心处,工件原点偏置设定在 G54 寄存器下。本项目拟采用 G75 指令编写粗切槽程序,用 G1 指令编写精切槽程序,用 G74 指令编写孔加工程序。

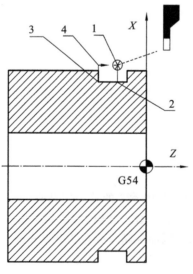

粗车槽时的点位坐标

	X	Z
1	70	-10.15
2	58.2	-10.15
3	58.2	-16.85
4	70	-16.85

精车槽时的点位坐标

	X	Z
1	70	-9.95
2	58	-9.95
3	58	-17.05
4	70	-17.05

图 3-92 切槽时的走刀路线及点位坐标

1. 钻孔

钻孔时安全平面设定在工件右侧距离右端面 3 mm 处，孔底平面设置在工件左侧距离左端面 $0.3d+(1\sim2)$ mm 处，即孔底坐标为 Z-58。钻孔时的增量进给切深为 2 mm($Q2$)，退刀量为 1 mm($R1$)。

2. 粗、精切槽

将切槽刀左侧刀尖选为刀位点，粗切槽时编程循环起点设在距离毛坯外圆 2 mm 处，图 3-92 中 1 号点为循环起点，3 号点为切槽终点，路径 1→2→3→4→1 为切槽时的走刀路线。

粗切槽时 G75 指令中各参数确定如表 3-17 所示。

表 3-17　G75 循环切削参数表

循环起点	切槽终点	e	Δi	Δk	Δd
(70,-10.15)	(58.2,-16.85)	1	3	2.5	0

钻孔及切槽时的程序号设为 O3550，切槽仿真如图 3-93 所示。

```
O3550
T0101    //钻 φ23 孔
G54 G99G00 X0 Z3. M8
S300 M03
G74 R1.
G74 Z-58. Q2. F0.3
G00 X100. Z100.
T0404    //切宽度为 10 的槽
G00 G54 X70. Z-10.15
G96G99 S60
G75 R1.
G75 X58.2 Z-16.85 P3. Q2.5 F0.1
G1 Z-9.95 S70 F0.2
X58.    //精切槽
Z-17.05
X70.
G00 X100. Z100. M9
M05
M30
```

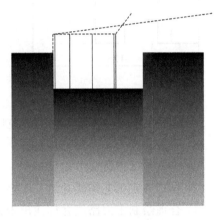

图 3-93　切槽仿真图

思考与练习

1. 试用 G75 指令编写如图 3-94 所示工件外圆槽的加工程序，车槽刀的刀宽为 4 mm，左刀尖为刀位点。要求：

(1) 合理绘制走刀路线，并确定循环起点、切槽终点坐标值；

(2) 编写数控程序，注意合理使用刀尖半径补偿功能；

(3)填写 G75 循环切削参数表;

(4)数控程序仿真。

2. 工件如图 3-95 所示,试编写切端面槽及孔的加工程序并仿真。其中车槽刀的刀宽为 3 mm,左刀尖为刀位点。

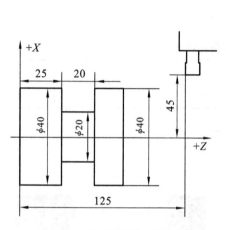

图 3-94 外圆槽零件

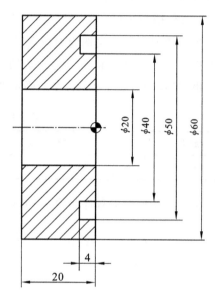

图 3-95 端面槽零件

3. 编写如图 3-96 所示零件的数控加工程序。毛坯材料为硬铝 2A12、φ30 棒料。要求:

(1)合理选择刀具及切削用量;

(2)确定工件的装夹方案;

(3)合理确定工艺路线并填写工序单;

(4)合理绘制走刀路线并标注出走刀路线中各转折点的点位坐标;

(5)编写数控程序;

(6)数控程序仿真。

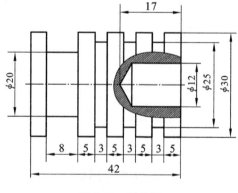

图 3-96 零件图

项目 3.6 螺纹加工工艺与编程

3.6.1 项目描述

如图 3-97 所示,工件材料为 45 钢,现需要加工工件的右端轮廓。

3.6.2 工艺基础

车削螺纹是数控车床的特长之一。由于受有级变速的限制,在普通车床上一般只能加工少量的等螺距螺纹,而在数控车床上,只要通过调整螺纹加工程序,即可车削出各种不同螺距的螺纹。

数控车床上加工最多的是牙型角为 60°的普通三角形螺纹,普通螺纹分粗牙普通螺纹和细牙普通螺纹。粗牙普通螺纹的螺距是标准螺距,其代号用字母"M"及公称直径表示,如 M16、M12 等;细牙普通螺纹代号用字母"M"及公称直径×螺距表示,如 M24×1.5、M27×2 等。

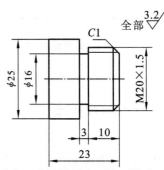

技术要求:毛坯材料为45钢,调质,ϕ25棒料

图 3-97 螺纹加工案例

一、螺纹加工前轴或孔的基本尺寸

为保证螺纹牙顶处有 0.125P 的宽度,考虑螺纹加工时牙型的膨胀量,外螺纹实际大径($d_{实际}$)一般应车得比基本尺寸(公称直径 d)小,内螺纹实际小径($D1_{实际}$)应车得比基本尺寸大。实际尺寸可以查阅相关手册,也可以按照表 3-18 计算。

表 3-18 螺纹加工尺寸

外螺纹加工前轴尺寸	$d_{实际}=d-0.1P$
内螺纹加工前底孔尺寸	塑性材料:$D1_{实际}=D-P$ 脆性材料: $D1_{实际}=D-(1.05\sim1.1)P$
螺纹牙型高度	$h=0.65P$
加工螺纹时的进给距离 W	$W=\delta_1+L+\delta_2$

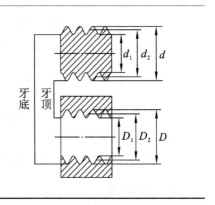

说明:D、d 为内、外螺纹公称直径;P 为螺距;L 为螺纹加工的有效长度;δ_1、δ_2 为引入、引出长度。

如图 3-98 所示,切削 M30×2 外螺纹前,外圆尺寸需精车到 ϕ29.8 mm;切削 M40×1.5 内螺纹前,底孔尺寸需加工到 ϕ38.5 mm。

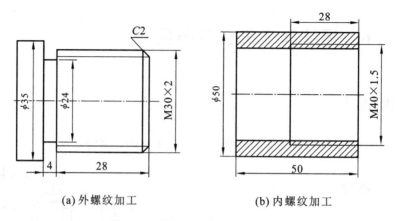

(a) 外螺纹加工　　　　　　(b) 内螺纹加工

图 3-98　螺纹加工前径向基本尺寸

二、螺纹加工时的进给距离

数控伺服系统本身有滞后性,会造成在螺纹加工的起始段和结束段出现螺距变化的现象,故应有引入、引出长度 δ_1、δ_2,以剔除两端因进给速度变化而出现的非标准螺距的螺纹段。如图 3-99 所示,此时加工螺纹时的进给距离 W 应为:

$$W = \delta_1 + L + \delta_2 \tag{3-5}$$

其中,L 为螺纹的有效长度。δ_1、δ_2 可按式(3-6)计算:

$$\delta_1 = n \times P/400, \quad \delta_2 = n \times P/1800 \tag{3-6}$$

式中,n 为主轴转速;P 为螺纹的导程(对于单头螺纹则为螺距)。

当加工普通的小螺距螺纹时,不用计算 δ_1、δ_2 值,δ_1 通常取 2~5 mm(大于螺距);δ_2 通常取 1~3 mm,若有退刀槽,则为退刀槽宽度的一半。

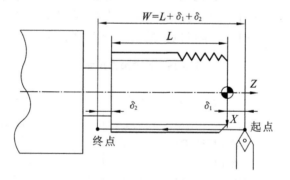

图 3-99　车螺纹时的进给距离

三、螺纹加工切削用量的选择

1. 主轴转速

在保证生产效率和正常切削的情况下,宜选择较低主轴转速;当螺纹加工时的引入、引出长度较充裕时,可选择适当高一些的主轴转速。如果机床的主轴转速选择过高,换算后的进给速度则有可能超过机床额定的进给速度。通常情况下,车螺纹时的主轴转速应按机床或数控系统说明书中规定的计算式进行确定。

由于螺纹加工通常需要分层多次走刀完成,包括精加工在内的每一层切削时的主轴转速都必须采用第一次进刀时的选定值,即车螺纹时主轴必须恒转速(G97),否则,可能会因为脉冲编码器基准脉冲信号的过冲量而导致螺纹乱牙。

2. 进给速度

车螺纹时,进给速度 F 的单位是毫米/转(mm/r)。对于单头螺纹,$F=P$(螺距);对于多头螺纹,$F=L$(螺纹导程)。

3. 切削深度(背吃刀量)

1)切削方式

车削普通螺纹时,常用的进刀方式有两种,即直进法和斜进法。各种进刀方式的特点及应用如表 3-19 所示。在加工较高精度螺纹时,可以先采用斜进法粗加工,然后用直进法进行精加工。但要注意刀具起始点定位要准确,否则会产生"乱牙"现象,造成零件报废。

表 3-19　普通螺纹的切削方法

进刀方式	图　　示	特点及应用
直进法	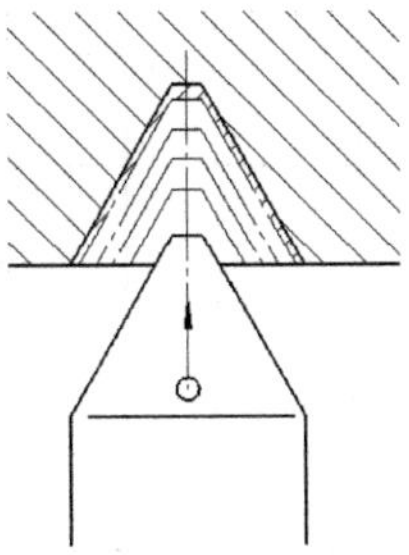	◆刀具两侧刃同时切削,切削力较大,排屑困难,容易扎刀,但牙型准确; ◆一般用于车削螺距小于 3 mm 的螺纹,对应的编程指令为 G32 和 G92
斜进法	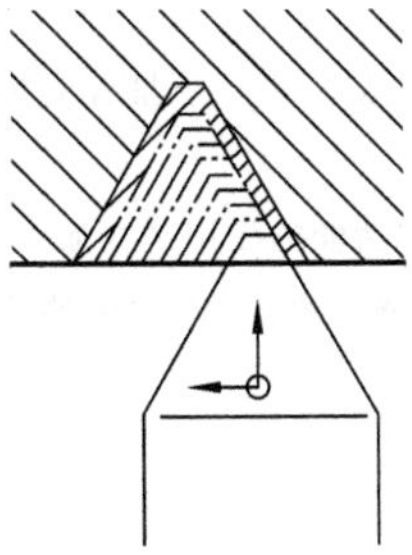	◆刀具单侧切削,切削力小,排屑容易,但牙型精度低; ◆一般用于车削大螺距螺纹,对应的编程指令为 G76

2)切削深度

采用直进法进刀时,由于刀具两侧同时参与切削,切削环境恶劣,且刀具越接近螺纹牙根处,切削面积越大。当牙型较深,螺距较大时,为避免因切削力过大而损坏刀具,需要分层多次走刀,否则难以保证精度,甚至出现崩刀。每次走刀时的背吃刀量应越来越小,并且为保证螺纹表面质量,最后一刀背吃刀量一般不能小于 0.1 mm,如图 3-100 所示。常用米制螺纹切削的走刀次数与背吃刀量见表 3-20。

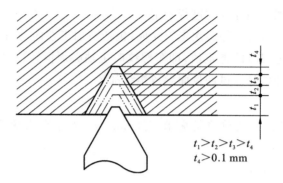

图 3-100 螺纹分层切削

表 3-20 米制螺纹切削的走刀次数与背吃刀量

螺距/mm		1.0	1.5	2.0	2.5	3.0	3.5	4.0
牙深/mm		0.649	0.974	1.299	1.624	1.949	2.273	2.598
背吃刀量 (mm) 及切削次数	第 1 次	0.7	0.8	0.9	1.0	1.2	1.5	1.5
	第 2 次	0.4	0.6	0.6	0.7	0.7	0.7	0.8
	第 3 次	0.2	0.4	0.6	0.6	0.6	0.6	0.6
	第 4 次		0.16	0.4	0.4	0.4	0.6	0.6
	第 5 次			0.1	0.4	0.4	0.4	0.4
	第 6 次				0.15	0.4	0.4	0.4
	第 7 次					0.2	0.2	0.4
	第 8 次						0.15	0.3
	第 9 次							0.2

注:

① 实际切削中,可根据工件材料、刀具材料及机床刚度等工艺条件的变化对表 3-20 中所推荐的进刀次数和背吃刀量做适当调整。

② 数控系统若无"退尾"功能,则在螺纹加工前,应先加工出退刀槽。"退尾"功能的作用是在加工到螺纹终点前,使刀具沿 45°方向退出。加工退刀槽的目的是保证切屑能够及时落下,防止由于切屑堆积而产生过大的抗力造成崩刃。

3.6.3 编程基础

一、单行程螺纹加工指令 G32

1. 指令功能

可切削加工等螺距圆柱螺纹、圆锥螺纹和端面螺纹。

2. 指令格式

G32 X(U)_ Z(W)_ F_

指令格式中,X(U)、Z(W)为加工螺纹段的终点坐标值,F 为加工螺纹的导程(对于单头螺纹

F 为螺距)。

3. 指令说明

(1) 当"X(U)"省略时为圆柱螺纹切削,"Z(W)"省略时为端面螺纹切削,当"X(U)、Z(W)"均不省略时则为锥螺纹切削;

(2) 当加工圆锥面螺纹时,其斜角 $\alpha \leqslant 45°$ 时,螺纹导程以 Z 轴方向指定;其斜角 $45° < \alpha \leqslant 90°$ 时,螺纹导程以 X 轴方向指定;

(3) G32 指令的执行轨迹是一条直线,如图 3-101 所示的 BC 段。

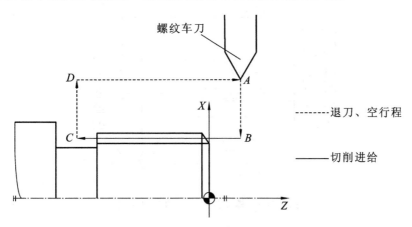

图 3-101 G32 指令进行圆柱螺纹切削时的刀具轨迹

例 3-17 如图 3-102(a)所示,在数控车床上加工长度为 30 的普通螺纹 M20,切削速度为 50 m/min,试编程。

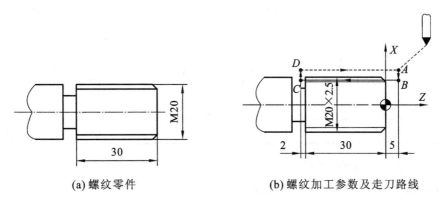

(a) 螺纹零件   (b) 螺纹加工参数及走刀路线

图 3-102 螺纹加工编程示例

解析:在编程前需确定相关参数值及走刀路线。

(1) 螺距:查相关手册可知,该螺纹的螺距为 $P = 2.5$ mm。

(2) 主轴转速:$n = (1\,000 \times 50/3.14 \times 20) \approx 800$ r/min。

(3) 引入、引出长度:$\delta_1 = 5$ mm,$\delta_2 = 2$ mm,如图 3-102(b)所示。

(4) 走刀次数及每层切削深度:查表 3-20 可知,螺距为 2.5 mm 的螺纹一般需分 6 次切削,每次切削深度分别为 1.0 mm、0.7 mm、0.6 mm、0.4 mm、0.4 mm 和 0.15 mm。

(5) 走刀路线确定:根据表 3-18,螺纹牙底直径 $d_1 = d - 2h = 20$ mm $- 2 \times 0.65 \times$

2.5 mm＝16.75 mm。

图 3-103 所示为螺纹分层切削的走刀路线,其上各点位数据如表 3-21 所示。$B1$ 至 $B6$ 的坐标值为螺纹分层加工时切削始点 B 的坐标值,$C1$ 至 $C6$ 的坐标值为螺纹分层加工时切削终点 C 的坐标值。

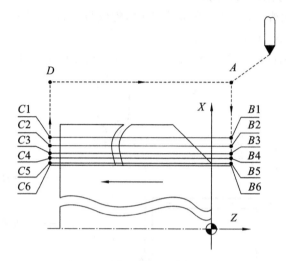

图 3-103 螺纹分层切削的走刀路线

表 3-21 G32 加工螺纹时的点位数据

走刀次数	背吃刀量	切削起点坐标			切削终点坐标		
			X	Z		X	Z
1	1	B1	19		C1	19	
2	0.7	B2	18.3		C2	18.3	
3	0.6	B3	17.7	5	C3	17.7	−32
4	0.4	B4	17.3		C4	17.3	
5	0.4	B5	16.9		C5	16.9	
6	0.15	B6	16.75		C6	16.75	

(6) 确定起刀点(A 点)坐标:$A(26,5)$。

用 G32 指令编程结果如表 3-22 所示。

表 3-22 用 G32 编写的螺纹加工程序

O3610	
G97 S800 M3	恒转速设定,启动主轴
G0 X26.0 Z5.0 M8	快速定位到 A 点
N10 X19.0	快速进给到 B1 点
G32 Z−32.0 F2.5	螺纹切削进给到 C1 点

续表

G0 X26.0	X方向快速退刀到D点
N20 Z5.0	N10至N20第1次切螺纹,切深1 mm
N30 X18.3	
G32 Z-32.0	A→B2→C2→D→A
G0 X26.0	N30至N40第2次切螺纹,切深0.7 mm
N40 Z5.0	
N50 X17.7 G32 Z-32.0	A→B3→C3→D→A
G0 X26.0 N60 Z5.0	N50至N60第3次切螺纹,切深0.6 mm
N70 X17.3	
G32 Z-32.0	A→B4→C4→D→A
G0 X26.0	N70至N80第4次切螺纹,切深0.4 mm
N80 Z5.0	
N90 X16.9	
G32 Z-32.0	A→B5→C5→D→A
G0 X26.0	N90至N100第5次切螺纹,切深0.4 mm
N100 Z5.0	
N110 X16.75 G32 Z-32.0 N120 G0 X26.0	A→B6→C6→D→A N110至N120第6次切螺纹,切深0.15 mm
G0 X150.0 Z200.0	
M9 M5 M30	

二、螺纹加工单一循环指令 G92

1. 指令功能

G92 是简单循环指令,只需指定螺纹加工的循环起点和每次加工的切削终点,即可完成圆柱螺纹和圆锥螺纹的切削。

2. 指令格式

G92 X(U)_ Z(W)_ R_ F_

3. 指令参数

X、Z 表示螺纹切削终点的绝对坐标值;U、W 表示螺纹切削终点相对于循环起点的增量坐标值;F 表示螺纹的导程(单头螺纹为螺距);R 表示螺纹切削起点相对于切削终点在 X

方向上的坐标增量,其大小和正负号确定方法与在 G90 中的确定方法一致。当 $R=0$ 时可省略不写,此时切削的是圆柱螺纹。

4. 指令说明

(1) 如图 3-104 所示,与 G90 一样,G92 指令执行的是一个矩形走刀路线,四个动作完成后,刀位点会返回循环起点 A。运用 G92 指令的一个程序段,可代替 G32 指令编程时 $A \to B \to C \to D \to A$ 四个程序段,从而方便编程。

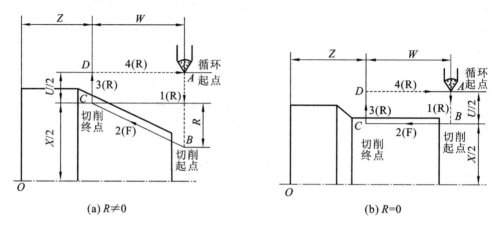

图 3-104 G92 循环指令的走刀路线

(2) 45°螺纹收尾。

在执行 G92 循环指令时,无论是车圆柱螺纹或是圆锥螺纹,在螺纹切削的退尾处(图 3-104 中 C 点附近),刀具都将沿与 X 轴成约 45°的方向斜向退刀,Z 向退刀距离 $r=0.1P \sim 12.7P$,r 的实际值由系统参数设定,如图 3-105 所示。

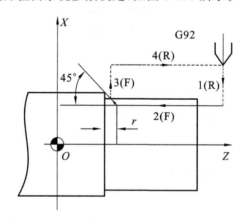

图 3-105 G92 螺纹退尾

例 3-18 用 G92 指令编写加工如图 3-102 所示螺纹数控程序,结果如下:

```
O3620
G97S800M03         //恒转速设定,启动主轴
G0 X26. Z5. M08    //快速定位到 A 点
G92 X19. Z-32. F2.5 //第 1 次走刀,对应于 O3610 中的 N10 至 N20 程序段
X18.3              //第 2 次走刀,对应于 O3610 中的 N30 至 N40 程序段
```

```
X17.7          //第 3 次走刀,对应于 O3610 中的 N50 至 N60 程序段
X17.3          //第 4 次走刀,对应于 O3610 中的 N70 至 N80 程序段
X16.9          //第 5 次走刀,对应于 O3610 中的 N90 至 N100 程序段
X16.75         //第 6 次走刀,对应于 O3610 中的 N110 至 N120 程序段
G0 X150. Z200.
M9
M5
M30
```

三、螺纹切削复合循环指令 G76

1. 指令功能

G76 指令用于多次分层自动循环切削螺纹,经常用于加工螺距较大的($P>3$)、不带退刀槽的圆柱螺纹和圆锥螺纹。可实现单侧刀刃螺纹切削,吃刀量逐渐减小,尽可能保护刀具,提高螺纹精度。

2. 指令格式

G76 P(m)(r)(a) Q(Δd_{min}) R(d)
G76 X(U) _Z(W)_R(i) P(k) Q(Δd) F(L)

3. 指令动作

执行 G76 指令时,刀具轨迹如图 3-106(a)所示 $A \to B \to D \to E \to A$。G76 采用的是斜进法切螺纹的方式,单个螺纹沟槽形成的过程如图 3-106(b)所示。

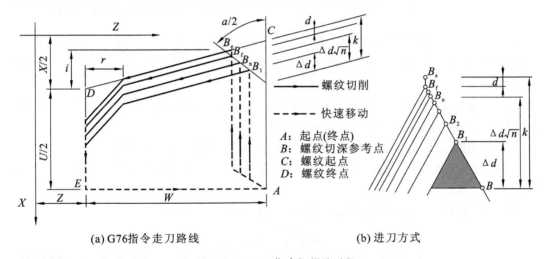

(a) G76 指令走刀路线   (b) 进刀方式

图 3-106 G76 指令切螺纹过程

4. 指令参数

(1) m 为精车重复次数,必须输两位数,取值从 01 至 99,一般取 01 至 03 次。若 $m=03$,则精车 3 次:第一刀精车,第二、三刀重复精车。重复精车时的切削深度为 0,用于消除由于切削变形(让刀)所造成的欠切,提高螺纹加工精度和表面质量。

(2) 如图 3-107 所示,$A \to B \to D$ 为编程路线,$A \to B \to C$ 为刀具实际的切削进给路线,当刀具到达 B 点后将沿 BC 切出。r 为螺纹尾端倒角量,也称螺纹退尾量,必须输两位数,取

值从 00 至 99（单位为 0.1L，L 为导程），一般取 00 至 20。螺纹退尾功能可实现无退刀槽螺纹的加工。

（3）α 为刀尖角度，即牙型角，可从 80°、60°、55°、30°、29°、00°等六个角度中选择，必须输入两位数。实际螺纹的角度由刀具决定，普通三角形螺纹 α 为 60°。

上述三个参数 m、r 和 α 用地址 P 同时指定。如当 m=2、r=2L、α=60°时，可编写为 P022060。

（4）Δd_{min} 为最小切深，半径值，一般取 50～100 μm。车削过程中每次的车削深度为 $\Delta d \sqrt{n} - \Delta d \sqrt{n-1}$，车削深度随次数增加而越切越少，当计算深度小于这个极限值时，车削深度锁定在此值。

（5）d 为螺纹精车余量，半径值，一般取 50～100 μm，如图 3-108 所示。

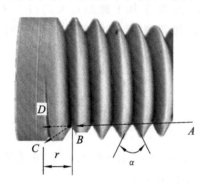
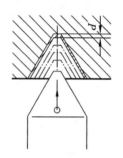

图 3-107　G76 指令 r 参数　　　图 3-108　G76 指令螺纹精车余量 d 参数

（6）X(U)、Z(W) 为螺纹终点的绝对坐标或增量坐标，即图 3-107 中 D 点坐标值。因为螺纹的加工路线为 A→B→C，螺纹尾部会从 B 点倒角到 C 点，所以一般车不到 D 点，D 点为理论值。

（7）i 为螺纹切削始点相对于切削终点在 X 轴向的坐标增量，与 G90 指令中 R 的含义及计算方法相同，车圆柱螺纹时 i=0，单位为毫米(mm)。

（8）k 为螺纹牙型高度，半径值，单位为微米(μm)，一般取 0.65P(螺距)。

（9）Δd 为粗车螺纹时第一刀的切削深度，半径值，一般根据机床刚度和螺距大小来取值，建议取 300～800 μm。

综上所述，G76 指令中的各参数的含义及取值如表 3-23 所示。

表 3-23　G76 指令参数

参　数	含　　义	单　位	取　值　范　围
m	精车重复次数	次	00 至 99 之间的两位整数，一般取 01 至 03
r	螺纹尾端倒角值	0.1L	00 至 99 两位数字，一般取 00 至 20
α	刀尖角度，即牙型角	度	80\60\55\30\29\00
Δd_{min}	最小车削深度，半径值	微米	50～100
d	精车余量，半径值	微米	50～100

续表

参数	含义	单位	取值范围
$X(U)$、$Z(W)$	螺纹牙底终点坐标	毫米	根据图纸
i	螺纹锥度值,半径值	毫米	螺纹切削始点相对于切削终点在 X 轴向的坐标增量
k	螺纹牙型高度,半径值	微米	$0.65P$
Δd	粗车螺纹时的第一刀切削深度,半径值	微米	经验值 $300\sim800$
L	螺纹导程	毫米	根据图纸

例 3-19 加工图 3-109 所示圆柱螺纹,螺纹加工前,毛坯直径为 $\phi48$ mm,零件材料为 45 钢,用 G76 指令编制该螺纹的加工程序。

根据表 3-18,螺纹加工前的实际轴径应为 $d_{实际}=d-0.1P=(48-0.1\times2)$ mm$=47.8$ mm,因此在螺纹加工前需要用外圆车刀将轴车到 $\phi47.8$ mm。

螺纹加工时的各参数取值如表 3-24 所示。

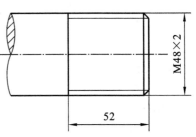

图 3-109 G76 指令示例

表 3-24 螺纹加工参数及编程

参数	含义	单位	取值	表示方法
m	精车重复次数	次	2 次	P02…
r	螺纹尾端倒角值	$0.1L$	$1.1L$	P0211…
α	刀尖角度,即牙型角	度	$60°$	P021160
Δd_{min}	最小车削深度,半径值	微米	0.1 mm$=100$ μm	Q100
d	精车余量,半径值	微米	0.1 mm$=100$ μm	R100
$X(U)$ $Z(W)$	螺纹牙底终点坐标	毫米	$Z=-52$ mm $X=d1=d-1.3P=45.4$ mm	Z-52. X45.4
i	螺纹锥度值,半径值	毫米	$i=0$	
k	螺纹牙型高度,半径值	微米	$0.65P=0.65\times2$ $=1.3$ mm$=1300$ μm	P1300
Δd	粗车螺纹时的第一刀切削深度,半径值	微米	$\Delta d=0.5$ mm$=500$ μm	Q500
L	螺纹的导程	毫米	$L=2$ mm	F2

将编程原点设在工件右端面中心处,编程结果如下:

O3630
T0101   //调外圆刀
M03 S500
G0 X52. Z2.
G90 X47.8 Z-53. F100   //车外圆至尺寸 47.8 mm

```
G0 X80. Z80.                          //回换刀点
T0404                                 //调螺纹刀 T04
G00 X55. Z5.                          //螺纹加工引入距离为 5 mm
G76 P021160 Q100 R100
G76 X45.4 Z-52. R0 P1300 Q500 F2.0    //螺纹切削循环
G0 X80. Z80.M5
M30
```

例 3-20 将 O3620 程序用 G76 指令改写,结果如表 3-25 所示。

表 3-25 G76 指令改写 O3620 程序

程　　序	说　　明
O3640 G97 S800 M03 G00 X26. Z5. M08 G76 P020060 Q100 R75	精加工重复次数为 2 倒角宽度为 0
G76 X16.75 Z-32. R0 P1624 Q1000 F2.5	刀尖角度为 60° 最小切削深度为 0.1 mm 精车余量为 0.075 mm 螺纹根部切削终点坐标为(X16.75 ,Z-32.0) 螺纹牙高为 1.624 mm 第 1 刀切深为 1 mm
G0 X150. Z200. M30	螺距为 2.5

3.6.4 项目实施

一、工艺路线

本工件加工的工艺过程为:平右端面→车 M20 螺纹外圆及倒角→切退刀槽 3×φ12→车螺纹 M20×1.5→切断。螺纹加工前的实际轴径应为 $d_{实际}=d-0.1P=(20-0.1\times1.5)$ mm= 19.85 mm。

二、刀具及切削用量的选择

本工件切外轮廓及端面选用 95°硬质合金外圆车刀;切退刀槽及切断时选用宽度为 3 mm 的硬质合金切槽刀,刀位点为左侧刀尖;车螺纹选用 60°外螺纹车刀。

由此,可以制作如表 3-26 所示的数控加工工序单。

表 3-26　数控加工工序单

序号	加工内容	刀具规格	V_c /(m/min)	S /(r/min)	f /(mm/r)	a_p /mm
1	平端面、车外圆	T01　95°硬质合金外圆车刀	90		0.3	2
2	切退刀槽	T02　宽为3的硬质合金切槽刀	60		0.1	
3	车螺纹	T03　60°外螺纹车刀		800	1.5	双边:0.8 0.6 0.4 0.16

三、装夹方案

本工件采用三爪卡盘装夹,保证工件伸出卡盘端面大于 15 mm 即可。

四、走刀路线及程序编制

为编程方便,将编程坐标系原点设置在工件右端面的中心处,工件原点偏置设定在 G54 寄存器下。

本项目拟采用 G90 指令编写平右端面程序,用 G71 指令编写车外圆程序,用 G1 指令编写切槽、切断程序,用 G92 指令编写车螺纹程序。

车槽时,切槽刀与退刀槽等宽,采用直进法一次切削完成。如图 3-110 所示,$A \to B \to C \to D \to A$ 为车螺纹时的走刀路线,根据表 3-20 可知,螺纹需分四次走刀切削完成,每一次走刀的编程点位坐标如表 3-27 所示。将车螺纹的程序编程为子程序 O3651,主程序为 O3650。

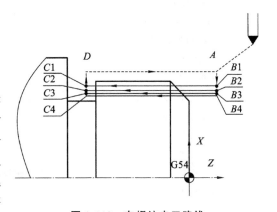

图 3-110　车螺纹走刀路线

表 3-27　车螺纹时的点位坐标

走刀次数	背吃刀量	切削起点坐标		切削终点坐标	
		X	Z	X	Z
1	0.8	B1　19.2	3	C1　19.2	−11.5
2	0.6	B2　18.6		C2　18.6	
3	0.4	B3　18.2		C3　18.2	
4	0.16	B4　18.04		C4　18.04	

O3651

```
G0 X24. Z3.0                    快速定位到 A 点
G92 X19.2 Z-11.5 F1.5           第 1 次走刀
X18.6                           第 2 次走刀
X18.2                           第 3 次走刀
X18.04                          第 4 次走刀
M99

O3650
T0101
G50 S2000
G96 S90 M03
G54 G0 X30. Z3. M08
G99 G90 X-1. Z0 F0.3            //切右端面
G1 Z2.
G71 U2. R1.                     //以下程序切外轮廓
G71 P10 Q20 U0.5 W0.1
N10  G41 X17.
G1 Z0.5
X20. Z-1.
Z-13.
N20  G40 X26.
G0 X100. Z100.
T0202                           //切退刀槽
G96 S60
G0 X28. Z-13.
G1 X16. F0.1
X25.
G0 X100. Z100.
T0303                           //车螺纹
G97 S800
G99
M98 P3651
G0 X100. Z100.
T0202                           //切断
G50 S2000
G96 S60
G0 X30. Z-26.
G1 X0. F0.1
G0 X100.
Z100.
M9
M5
M30
```

思考与练习

1. 试分别用 G32、G92 和 G76 指令编写如图 3-111 所示的螺纹零件的加工程序。要求：

（1）填写 G76 循环参数表；

（2）编写数控程序；

（3）数控程序仿真。

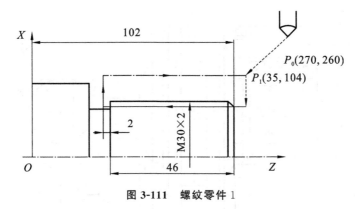

图 3-111　螺纹零件 1

2. 编写如图 3-112 所示螺纹零件的数控加工程序，表面粗糙度要求为 $Ra3.2$。毛坯为 $\phi22$ 铝棒，材料为 2A12。要求：

（1）合理确定工艺路线；

（2）合理选择刀具及切削用量；

（3）确定工件的装夹方案；

（4）填写工序单；

（5）合理绘制各工步的走刀路线并标注出相应的点位坐标；

（6）编写数控程序；

（7）数控程序仿真。

3. 编写如图 3-113 所示螺纹零件的数控加工程序，表面粗糙度要求为 $Ra3.2$。毛坯为 $\phi35$ 铝棒。要求同第 2 题。

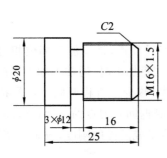

图 3-112　螺纹零件 2

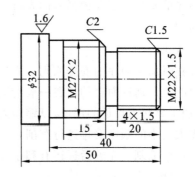

图 3-113　螺纹零件 3

项目 3.7 数控车削综合实例

3.7.1 项目描述

加工如图 3-114 所示的工件,毛坯为 45 钢棒料,毛坯尺寸为 $\phi70\times100$。

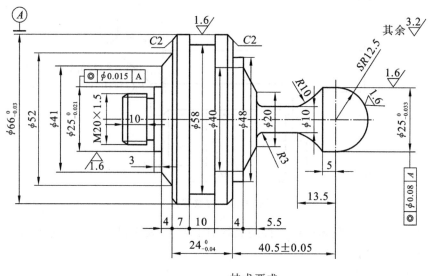

技术要求:
1. 毛坯材料为 45 钢,调质
2. 图中未注倒角为 $1\times45°$
3. M20×1.5 螺纹退刀槽为 3×2

图 3-114 数控车削综合实例

3.7.2 工步顺序的安排

工步顺序的安排除了要遵循基面先行、先粗后精、先面后孔和先主后次的原则外,还需注意以下问题。

1. 先近后远

一次装夹时加工顺序的安排原则是先近后远。所谓远和近,是指加工部位相对于对刀点(起刀点)的距离远近而言的。在一般情况下,特别是在粗加工时,通常先加工离起刀点近的部位,后加工离起刀点远的部位,以缩短刀具移动距离、减少空行程时间。如果按照零件直径尺寸先大后小的顺序安排进行车削,一定会增加刀具返回对刀点的空运行时间,还会使得各端面处产生毛刺。先近后远还有利于保持毛坯件或半成品件的刚度,改善其切削条件。

2. 内外交叉

对于既有内表面(内型、腔)又有外表面需加工的零件,安排其加工顺序时,应先安排内、外表面的粗加工,后安排内、外表面的精加工。切不可将零件的一部分表面(外表面或内表面)粗、精加工完毕后,再粗、精加工其他表面(内表面或外表面)。

3. 保证工件加工刚度

在一道工序中需要进行多工步加工时,应该先安排对工件刚度破坏较小的工步,以保证工件的刚度要求。

3.7.3 项目实施

一、工艺路线

本工件需加工的表面包括圆弧面、圆锥面、圆柱面、外圆槽和螺纹等,实际上是项目 3.2 至项目 3.6 的综合,工艺分析如下。

(1) $\phi 25_{-0.033}^{0}$ 圆柱面的尺寸精度为 8 级,$\phi 25_{-0.021}^{0}$、$\phi 66_{-0.03}^{0}$ 圆柱面的尺寸精度均为 7 级,并且这三处的表面粗糙度均为 $Ra1.6$,为保证加工质量,需要对工件精车。

(2) 外圆 $\phi 25_{-0.021}^{0}$ 和 $\phi 25_{-0.033}^{0}$ 相对于 $\phi 66_{-0.03}^{0}$ 外圆分别有 $\phi 0.015$、$\phi 0.08$ 的同轴度要求,可以一次装夹同时加工 $\phi 25_{-0.021}^{0}$ 和 $\phi 66_{-0.03}^{0}$ 外圆柱面,然后调头以 $\phi 66_{-0.03}^{0}$ 外圆柱面为基准车削 $\phi 25_{-0.033}^{0}$ 圆柱面。

(3) 根据项目 3.4 可知,当毛坯为棒料时采用 G73 指令有太多的空走刀行程,因此右端轮廓的加工应先按照项目 3.2 用 G71 指令粗车台阶轴,再用 G73 指令粗车 $\phi 10$ 凹槽部分轮廓面,最后精加工整个右轮廓面。

据此本工件的工艺过程可安排为:粗、精车 $\phi 66_{-0.03}^{0}$ 表面及其左侧轮廓面→车 $\phi 58$ 外圆槽→切螺纹退刀槽→车螺纹→调头粗车右侧台阶面→粗车右侧 $\phi 10$ 凹槽部分轮廓面并精车右侧所有表面。

二、装夹方案

本工件加工采用三爪卡盘装夹,加工左端轮廓时,夹持毛坯外圆并保证毛坯伸出卡盘端面大于 48 mm 即可;加工右端轮廓时,选用 $\phi 66_{-0.03}^{0}$ 外圆柱面及其左端面为定位基准,夹持 $\phi 66_{-0.03}^{0}$ 外圆面。

在工件调头装夹时有两个注意事项:

(1) 保证已加工的 $\phi 66_{-0.03}^{0}$ 外圆面的右端伸出卡盘端面大于 6 mm,并用百分表找正其圆跳动不大于 0.02 mm,以保证 $\phi 25_{-0.033}^{0}$ 和 $\phi 66_{-0.03}^{0}$ 之间 $\phi 0.08$ 的同轴度要求。

(2) 为防止夹伤 $\phi 66_{-0.03}^{0}$ 外圆表面,需要在外圆表面垫铜皮或者使用预先加工好的定位台阶环套。

三、刀具及切削用量的选择

加工本工件时选用的刀具及切削用量参考项目 3.2 至项目 3.6,并填写刀具卡,如表 3-28 所示。

表 3-28 数控加工刀具卡

工序号	工序名称	程序号	零件名称	零件图号	零件材料
	车	O3750 O3760			45
刀具编号	刀具名称	刀片材料	刀具参数		刀补地址	备注
			刀尖半径	刀杆规格		
T01	95°外圆车刀	硬质合金	0.5	25×25	01	
T02	95°端面车刀	硬质合金	0.5	25×25	02	
T03	93°外圆车刀	硬质合金	0.4	25×25	03	35°菱形刀片
T04	宽 3mm 切槽刀	硬质合金		25×25	04	
T05	60°螺纹车刀	硬质合金		25×25	05	
编制		审核	批准		共1页 第1页	

根据以上分析填写数控加工工序卡,如表 3-29 所示。

表 3-29 数控加工工序卡

工序号	工序名称	程序编号	零件材料	零件名称	零件图号
	车	O3750 O3760	45		
使用设备		夹具名称	量具	车 间	
		三爪卡盘			
工步号	工步内容	刀 具	切削用量			
			V_c /(mm/min)	n /(r/min)	f /(mm/r)	a_p /mm
1	粗车 $\phi 66_{-0.03}^{0}$ 表面及其左侧轮廓面	T0101	90		0.4	2
2	精车 $\phi 66_{-0.03}^{0}$ 表面及其左侧轮廓面	T0101	120		0.16	0.25
3	粗车 $\phi 58$ 外圆槽	T0404	60		0.1	2.5
4	精车 $\phi 58$ 外圆槽	T0404	70		0.2	
5	车螺纹退刀槽	T0404	60		0.1	
6	车螺纹	T0505		800	1.5	
7	调头粗车右侧台阶面	T0202	90		0.4	2
8	粗车右侧 $\phi 10$ 凹槽部分轮廓面	T0303	120		0.16	1
9	精车右侧所有表面	T0303	100		0.16	0.1
编制		审核	批准		共1页 第1页	

四、走刀路线及程序编制

1. 加工左端轮廓

将加工工件左半部分的编程原点设置在左端面的中心处,原点偏置设定在 G54 寄存器下,主程序号设为 O3750。

(1) 工步 1、2:按项目 3.3 的走刀路线、参考对应程序完成工步 1、2 的加工内容,此时可将 O3350 改为子程序,即将 O3350 中的 M30 改成 M99。

(2) 工步 3、4:切 ϕ58 外圆槽时的走刀路线参照项目 3.5 中图 3-92,删除 O3550 中钻 ϕ23 孔的加工程序,将切槽时所有的 Z 坐标值均减小 20,去掉 M5 和 M9,并将 M30 改为 M99,通过调用 O3550 即可完成工步 3、4 的加工内容。结果如下:

```
O3550
T0404                    //切宽度为 10 的槽
G00 G54 X70. Z-30.15
G96 G99 S60
G75 R1.
G75 X58.2 Z-36.85 P3. Q2.5 F0.1//粗切槽
G1 Z-29.95 S70 F0.2
X58.//开始精切槽
Z-37.05
X70.
G00 X100. Z100.
M99
```

(3) 工步 5、6:完成工步 5、6 时可参考项目 3.6 的切槽及车螺纹的程序,在 O3650 程序中删除 T0101 车外轮廓的程序和 T0202 切断程序,删除刀号 T0202,并将 T0303 改为 T0505,最后将 M30 改为 M99。结果如下:

```
O3650
//T0202 切退刀槽
G96 S60
G0 X28. Z-13.
G1 X16. F0.1
X25.
G0 X100. Z100.
T0505 //车螺纹
G97 S800
G99
M98 P3651
G0 X100. Z100.
M99
```

(4) 主程序编制。

综上所述,加工左端轮廓的程序如下:

```
O3750
M98 P3350 //粗精车左轮廓
M98 P3550 //粗精车 φ58 外圆槽
M98 P3650 //切退刀槽、车螺纹
M9
M5
M30
```

主程序仿真结果如图 3-115 所示。

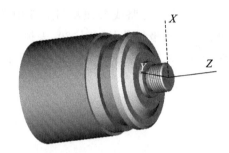

图 3-115 左轮廓切削仿真

2. 加工右端轮廓

将加工工件右半部分的编程原点设置在右端面的中心处,原点偏置设定在 G55 寄存器下,主程序号设为 O3760。

(1) 工步 7:参考项目 3.2 的走刀路线、参考对应程序完成工步 7 的加工内容,此时可将 O3250 改为子程序,即将 O3250 中的 M30 改成 M99。另外,由于工步 7 只完成粗加工,因此需要删除"G70 P10 Q20"程序段。

(2) 工步 8:参考项目 3.4,重新规划走刀路线,如图 3-116 所示。程序如下:

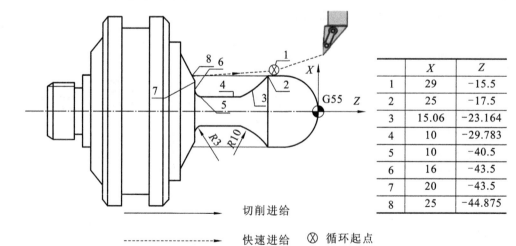

图 3-116 粗车 φ10 凹槽走刀路线

仿形车时 G73 指令中各参数确定如表 3-30 所示,程序为 O3455。

表 3-30　G73 循环参数确定表

循环起点	Δi	Δk	d	ns	nf	Δu	Δw	F
(29, -15.5)	7.5	0	4	50	60	0.2	0.1	0.3

```
O3455
G55 G96 G99 S70
T0303
G0 X29. Z-15.5
G73 U7.5 W0. R4
G73 P50 Q60 U0.2 W0.1 F0.3
N50 G1 X25. Z-17.5
    X15.06 Z-23.164
    G2 X10. Z-29.783 R10.
    G1 Z-40.5
    G2 X16. Z-43.5 R3.
    G1 X20.
N60 X25. Z-44.875
G0 X200. Z100.
M99
```

(3) 工步 9：本工步采用 T03 刀精加工工件右轮廓，走刀路线如图 3-117 所示。

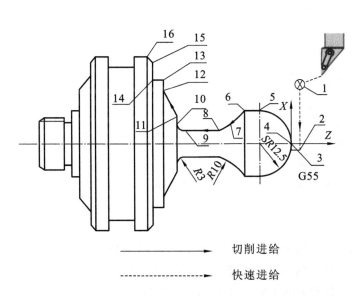

	X	Z
1	45	3
2	-1	3
3	-1	0
4	0	0
5	25	-12.5
6	25	-17.5
7	15.06	-23.164
8	10	-29.783
9	10	-40.5
10	16	-43.5
11	20	-43.5
12	40	-49
13	48	-49
14	48	-53
15	62	-53
16	68	-56

图 3-117　右轮廓精车走刀路线

(4) 主程序编制。

综上所述，加工右端轮廓的程序如下：

```
O3760
N10 M98 P3250 // N10 至 N20 粗车右轮廓
```

```
N20 M98 P3455
G0 X45. Z3.// N30 至 N40 精车右轮廓
N30 G41 X-1. S100
G1 Z-0 F0.16
X0
G3 X25. Z-12.5 R12.5
G1 Z-17.5
X15.06 Z-23.164
G2 X10. Z-29.783 R10.
G1 Z-40.5
G2 X16. Z-43.5 R3.
G1 X20.
X40. Z-49.
X48.
Z-53.
X62.
N40 X68. Z-56.
G0G40 X200. Z100.
M9
M5
M30
```

思考与练习

本节的思考与练习题均需按如下要求完成：
(1) 合理确定工艺路线；
(2) 合理选择刀具及切削用量；
(3) 确定工件的装夹方案；
(4) 填写数控加工刀具卡和数控加工工序卡；
(5) 合理绘制各工步的走刀路线并标注出相应的点位坐标；
(6) 编写数控程序；
(7) 数控程序仿真。

1. 工件如图 3-118 所示，工件材料为 LY12，毛坯为 $\phi50\times112$ 棒料。
2. 工件如图 3-119 所示，工件材料为 LY12，毛坯为 $\phi50\times95$ 棒料。
3. 工件如图 3-120 所示，工件材料为 LY12，毛坯为 $\phi38$ 棒料。
4. 工件如图 3-121 所示，工件材料为 45 钢，毛坯为 $\phi72$ 棒料。
5. 工件如图 3-122 所示，工件材料为 45 钢，毛坯为 $\phi78$ 棒料。
6. 工件如图 3-123 所示，工件材料为 45 钢，毛坯为 $\phi42$ 棒料。

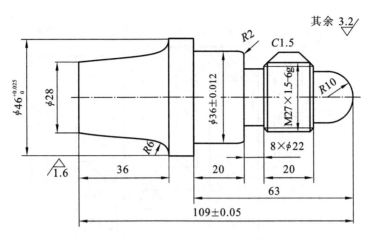

图 3-118　工件 1

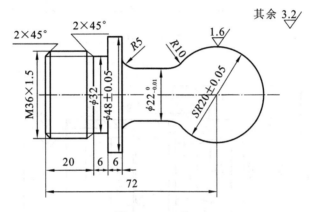

图 3-119　工件 2

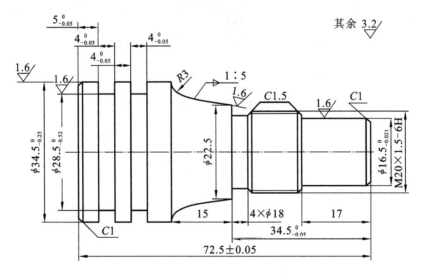

图 3-120　工件 3

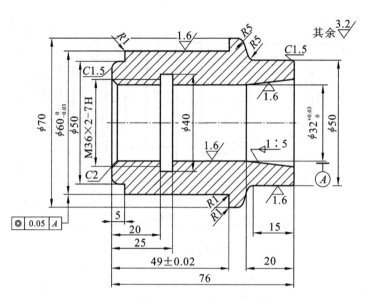

图 3-121　工件 4

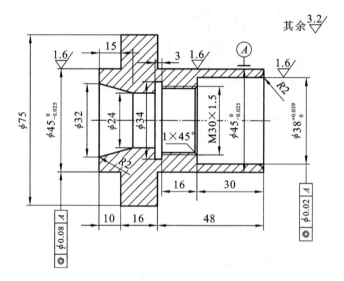

图 3-122　工件 5

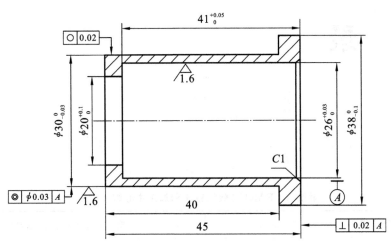

图 3-123 工件 6

附　录

附录 A　FANUC 数控铣床和加工中心编程指令

代　码	分　组	意　义	格式（以 XY 平面为例）
*G00	01	快速定位	G00 X__ Y__ Z__
G01	01	直线插补	G01 X__ Y__ Z__ F__
G02	01	圆弧插补 CW（顺时针）	XY 平面内的圆弧： $G17\begin{Bmatrix}G02\\G03\end{Bmatrix}X\_\_Y\_\_\begin{Bmatrix}R\_\_\\I\_\_J\_\_\end{Bmatrix}F\_\_$ ZX 平面的圆弧： $G18\begin{Bmatrix}G02\\G03\end{Bmatrix}X\_\_Z\_\_\begin{Bmatrix}R\_\_\\I\_\_K\_\_\end{Bmatrix}F\_\_$ YZ 平面的圆弧： $G19\begin{Bmatrix}G02\\G03\end{Bmatrix}Y\_\_Z\_\_\begin{Bmatrix}R\_\_\\J\_\_K\_\_\end{Bmatrix}F\_\_$
G03	01	圆弧插补 CCW（逆时针）	
G04	00	暂停	G04[P/X] 地址码 X 可用小数，地址码 P 只能用整数
G15	17	取消极坐标指令	G15
G16	17	极坐标指令	G90/G91 G16 G90/G91 X__ Y__ 　　G90 指定工件坐标系的零点为极坐标的原点 　　G91 指定当前位置作为极坐标的原点 　　X：极坐标半径 　　Y：极角
*G17	02	选择 XY 平面	G17
G18	02	选择 ZX 平面	G18
G19	02	选择 YZ 平面	G19

续表

代 码	分 组	意 义	格式（以 XY 平面为例）
G20	08	英制输入	
*G21		米制输入	
G24	03	镜像开	
*G25		镜像关	
G28	00	回归参考点	G28 X__ Y__ Z__
G29		由参考点回归	G29 X__ Y__ Z__
*G40	09	刀具半径补偿取消	G40
G41		刀具半径左补偿	$\begin{Bmatrix} G41 \\ G42 \end{Bmatrix}$ G1/G0 D__ X__ Y__
G42		刀具半径右补偿	
G43	08	刀具长度正补偿	$\begin{Bmatrix} G43 \\ G44 \end{Bmatrix}$ G1/G0 H__ Z__
G44		刀具长度负补偿	
*G49		刀具长度补偿取消	G49
*G50	04	取消缩放	G50
G51		比例缩放	各轴同比例缩放编程： G51 X__ Y__ Z__ P__ 　　X__ Y__ Z__：比例缩放中心绝对坐标值 　　P__：缩放比例 各轴不同比例缩放编程： G51 X__ Y__ Z__ I__ J__ K__ 　　X__ Y__ Z__：比例缩放中心绝对坐标值 　　I__ J__ K__：X、Y、Z 各轴对应的缩放比例
G52	00	设定局部坐标系	G52 X__ Y__ Z__：设定局部坐标系 　　X__ Y__ Z__：局部坐标系原点在当前坐标系下的绝对坐标值 G52 X0 Y0 Z0：取消局部坐标系
G53		选择机械坐标系	G53
*G54	11	选择工作坐标系 1	G54/…/G59
G55		选择工作坐标系 2	
G56		选择工作坐标系 3	
G57		选择工作坐标系 4	
G58		选择工作坐标系 5	
G59		选择工作坐标系 6	

续表

代码	分组	意义	格式(以 XY 平面为例)
G68	16	坐标系旋转	G68 X__ Y__ R__ X__ Y__：旋转中心的绝对坐标值 R__：旋转角度，正值表示逆时针旋转
*G69		取消坐标轴旋转	G69
G73	06	深孔钻削固定循环	G73 X__ Y__ Z__ R__ Q__ F__
G74		攻左螺纹固定循环	G74 X__ Y__ Z__ R__ P__ F__
G76		精镗固定循环	G76 X__ Y__ Z__ R__ Q__ F__
*G80		固定循环取消	G80
G81		钻削固定循环、钻中心孔	G81 X__ Y__ Z__ R__ F__
G82		钻削固定循环、锪孔	G82 X__ Y__ Z__ R__ F__
G83		深孔钻削固定循环	G83 X__ Y__ Z__ R__ Q__ F__
G84		攻右螺纹固定循环	G84 X__ Y__ Z__ R__ P__ F__
G85		粗镗固定循环	G85 X__ Y__ Z__ R__ F__
G86		快速粗镗固定循环	G86 X__ Y__ Z__ R__ F__
G87		反镗固定循环	G87 X__ Y__ Z__ R__ F__
G88		镗削固定循环	G88 X__ Y__ Z__ R__ F__
G89		镗削固定循环	G89 X__ Y__ Z__ R__ F__
*G90	13	绝对方式编程	
G91		相对方式编程	
G92	00	工作坐标系的变更	G92 X__ Y__ Z__
G98	15	返回固定循环初始平面	
G99		返回固定循环 R 平面	

注：带 * 的 G 代码为机床开机默认的状态代码。

附录 B FANUC 系统数控车床编程指令

代码	分组	意义	格式(以 ZX 平面为例)
G17	16	选择 XY 平面	G17
*G18		选择 ZX 平面	G18
G19		选择 YZ 平面	G19
G32	01	螺纹切削	G32 X/U__ Z/W__ F__ F 为螺纹导程

续表

代码	分组	意义	格式（以 ZX 平面为例）
G40		刀具补偿取消	G40
G41	07	刀具半径左补偿	$\left\{\begin{array}{l}G41\\G42\end{array}\right\}$ G1/G0 X __ Z __
G42		刀具半径右补偿	
G50	00	设定工件坐标系	G50 X __ Z __
		设定主轴最高转速	G50 S __
G70		精车循环	G70 P(ns) Q(nf)
G71		外圆粗车复合循环	G71 U(Δd) R(e) G71 P(ns) Q(nf) U(Δu) W(Δw) F(f) S(s) T(t)
G72		端面粗切削复合循环	G72 W(Δd) R(e) G72 P(ns) Q(nf) U(Δu) W(Δw) F(f) S(s) T(t)
G73	00	封闭切削复合循环	G73 U(Δi) W(Δk) R(d) G73 P(ns) Q(nf) U(Δu) W(Δw) F(f) S(s) T(t)
G74		端面切槽/端面钻孔复合循环	G74 R(e) G74 X(U)__ Z(W)__ P(Δi) Q(Δk) R(Δd) F(f)
G75		内径/外径切槽复合循环	G75 R(e) G75 X(U)__ Z(W)__ P(Δi) Q(Δk) R(Δd) F(f)
G76		螺纹切削复合循环	G76 P(m) (r) (a) Q(Δdmin) R(d) G76 X(U)__ Z(W)__ R(i) P(k) Q(Δd) F(L)
G90		内径/外圆车削单一循环	G90 X(U)__ Z(W)__ R__ F__
G92	01	螺纹车削单一循环	G92 X(U)__ Z(W)__ R__ F__
G94		端面车削单一循环	G94 X(U)__ Z(W)__ R__ F__
G96	02	恒线速度切削	G96 S __
＊G97		恒转速切削	G97 S __
G98	05	每分钟进给量	G98 F __
＊G99		每转进给量	G99 F __

注：1. G 代码有 A、B、C 三种系列，本表所列出的是 A 系列的 G 代码。
　　2. 带 ＊ 的 G 代码为机床开机默认的状态代码。
　　3. G00 至 G04，G20 和 G21，G28 和 G29，G40 至 G42，以及 G52 至 G59 与 FANUC 数控铣相同，参考附录 A。

附录 C　FANUC 系统常用的 M 代码

代　码	意　　义	格　　式
M00	暂停程序运行	
M01	选择性暂停程序运行	
M02	主程序结束	
M03	主轴正向转动开始	
M04	主轴反向转动开始	
M05	主轴停止转动	
M06	换刀指令	M06 T__ 或 T__ M06
M08	冷却液开启	
M09	冷却液关闭	
M30	主程序结束且返回程序开头	
M98	子程序调用	M98 P____ XXXX 或 M98 PXXXX LXXX
M99	子程序结束	

参考文献

[1] 闫华明.数控加工工艺与编程(数控铣部分)[M].天津:天津大学出版社,2009.

[2] 吴新佳.数控加工工艺与编程[M].2版.北京:人民邮电出版社,2012.

[3] 刘昭琴,李学营,魏加争.机械零件数控铣削加工[M].武汉:华中科技大学出版社,2013.

[4] 李玉兰.数控加工技术[M].北京:机械工业出版社,2010.

[5] 任同.数控加工工艺学[M].西安:西安电子科技大学出版社,2008.

[6] 付晋.数控铣床加工工艺与编程[M].北京:机械工业出版社,2009.

[7] 彭芳瑜.数控加工工艺与编程[M].武汉:华中科技大学出版社,2012.

[8] 王泉国,王小玲.数控车床编程与加工(广数系统)[M].北京:机械工业出版社,2012.

[9] 朱明松.数控车床编程与操作项目教程[M].北京:机械工业出版社,2008.

[10] 唐萍.数控车削工艺与编程操作[M].北京:机械工业出版社,2009.

[11] 黄登红.数控编程与加工操作[M].长沙:中南大学出版社,2008.

[12] 陈志群.数控车床刀尖半径补偿的原理和应用分析[J].现代机械,2010(6):7-10.

[13] 胡旭兰.数控车削工艺与技能训练[M].北京:机械工业出版社,2012.

[14] 石从继.数控加工工艺与编程[M].武汉:华中科技大学出版社,2012.

[15] 吴晓光,何国旗,谢剑刚,等.数控加工工艺与编程[M].武汉:华中科技大学出版社,2010.

[16] 吴光明.数控编程与操作[M].北京:机械工业出版社,2010.

[17] 于杰.数控加工工艺与编程[M].北京:国防工业出版社,2010.

[18] 刘蔡保.数控车床编程与操作[M].北京:化学工业出版社,2009.